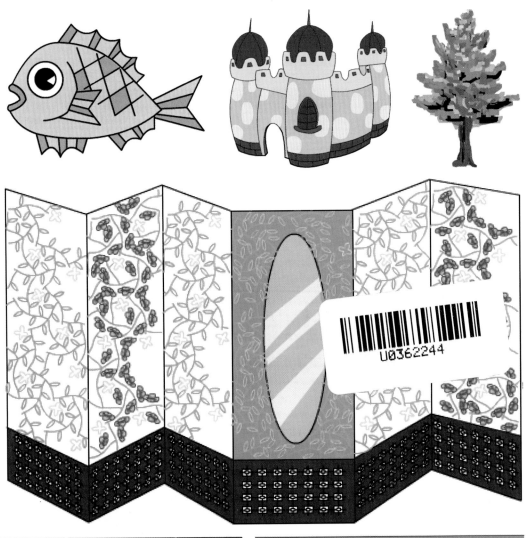

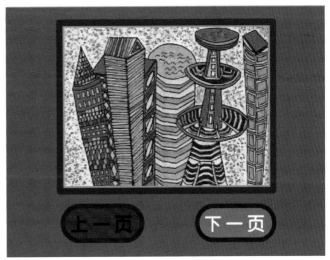

Flash 2D

Animation Tutorial

二维动画制作教程

于德强 编著

CD-R

FL

清华大学出版社
北京交通大学出版社
·北京·

内 容 简 介

本书从初学者的角度出发，通过大量的实例，由浅入深，循序渐进地介绍了 Flash CS4 软件的操作方法及动画制作的基本知识和制作技巧。

本书的编者在电视台一线从事动画制作达 15 年之久，真正理解初学卡通动画者需要什么，以及在 Flash 的实际应用中最需要掌握哪些知识，免去了晦涩难懂的技术论述和长篇累牍的软件命令介绍。通过大量的实例练习，在轻松愉快的学习过程中掌握软件的应用技巧，以达到学完本书即能独立应用的目的，避免教材与社会实践脱节的现象。

本书适合高等本科院校、高职高专相关专业的学生作为教材使用及热衷于 Flash 动画制作的爱好者作为参考。

图书在版编目(CIP)数据

Flash 二维动画制作教程 /于德强编著. —北京：清华大学出版社；北京交通大学出版社，2011.8（2022.7 重印）

（普通高等院校"十二五"动漫专业规划教材）

ISBN 978–7–5121–0673–4

I. ①F… II. ①于… III. ① 动画制作软件，Flash–高等学校–教材
IV. ① TP391.41

中国版本图书馆 CIP 数据核字（2011）第 157957 号

Flash 二维动画制作教程
FLASH ERWEI DONGHUA ZHIZUO JIAOCHENG

责任编辑：韩素华
出版发行：清 华 大 学 出 版 社   邮编：100084   电话：010 - 62776969
　　　　　北京交通大学出版社   邮编：100044   电话：010 - 51686414
印 刷 者：北京鑫海金澳胶印有限公司
经　　销：全国新华书店
开　　本：185×260　印张：15.75　字数：387 千字　彩插：2
版　　次：2011 年 8 月第 1 版　2022 年 7 月第 7 次印刷
书　　号：ISBN 978–7–5121–0673–4/TP•655
印　　数：13 001～15 000 册　定价：46.00 元

本书如有质量问题，请向北京交通大学出版社质监组反映。对您的意见和批评，我们表示欢迎和感谢。
投诉电话：010-51686043，51686008；传真：010-62225406；E-mail：press@bjtu.edu.cn。

前　言

对于初学软件的读者，选择一本好的教材可以达到事半功倍的效果；对于从事软件教学的教师而言，选择一本好的教材，可以达到活跃课堂气氛，激发学生兴趣，节约教学时间的目的。本书就是这样一本教材，因为它有以下突出特点。

1．针对性强：本书的编者为在一线从事动画制作多年的高级动画师，能够真正理解在实际应用中哪些命令是必须掌握的，哪些是不太常用的，让初学者用最短的时间记住最常用的命令，快速进入到动画创作中。本书的重点是介绍Flash CS4的卡通动画制作功能，ActionScript语言部分对于初学者来说比较抽象，只是略微涉及，这样更有利于初学者快速掌握卡通动画制作的技巧，保持学习兴趣。

2．结构鲜明：本书每一章的开始，都用【本章要点】提示一下读者本章要讲的内容。在每一章的末尾都有一个【本章小结】，提炼出本章需要必须掌握的知识要点。在最后还有本章的【习题】，供读者课后练习。

本书力求用最简短的步骤来介绍软件的某项功能，然后利用【动手做】来加强练习该项功能在实际中的应用，锻炼初学者的实际动手能力。【动手做】是初学软件者唯一最有效的方法。

在文中还适时加入【金点子】、【充电站】，加强内容在横向和纵向的补充说明，特别是【金点子】，都是在实际应用中总结出来的宝贵经验，能够减少自学者许多摸索时间。

3．突出应用：本书的最大特点就是一切围绕着"应用"而展开。

【动手做】：逐步介绍怎样运用命令进行工作。

【金点子】：总结在应用过程中的宝贵经验。

【习题】：用于在课后巩固本章所学知识和练习独立创作的能力。

【案例剖析】：最后一章的大型案例剖析，是让读者切实感受一下在实际工作中Flash软件是怎样综合运用的，了解真正的动画制作流程。

总之，本书的目的就是让初学者轻松愉快地在【动手做】中掌握软件，在【金点子】中吸取宝贵经验，在【案例剖析】中感受Flash软件的强大魅力……

另外，本书还附有光盘，提供了本书所有的实例源文件，供读者学习参考之用。

本书主要由于德强编著，参与本书资料收集并为本书写作提供帮助的有于之洋、王彦斌、王生、李秀梅、王彦辉、井娟、孙永青、许波、王大力、王彦波等，在此表示感谢。

由于时间仓促，书中难免有不当之处，敬请广大读者批评指正。

说明：本书光盘内容包括配书素材、作品欣赏及光盘说明，可将光盘所有文件复制到本地硬盘上，然后将压缩文件解压缩后再应用。

编　者
2011年7月

Contents 目 录

第4章　Flash的颜色编辑

第5章　Flash的对象编辑

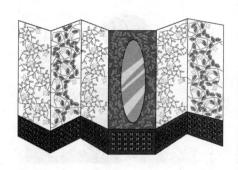

Contents 目 录

第6章 基础动画

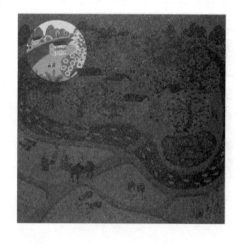

Contents 目 录

第10章 三维动画与反向运动动画

第11章 滤镜与混合

目 录 Contents

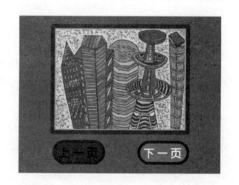

Contents 目 录

第1章　动画基础

本章要点

1. 传统动画片的基本原理和制作流程。
2. 为什么要学Flash动画。

1.1　卡通动画概述

卡通是英文"Cartoon"的音译，意思是连续的画面，也就是动画或动画影片之意。卡通源自政治讽刺漫画，由于卡通艺术形象简洁生动，夸张诙谐，趣味横生，所以自诞生以来就一直深受人们的欢迎。

卡通是一门给人们带来无穷乐趣的大众艺术。在卡通世界里，人类的想象力可以自由地发挥，相对于其他的艺术形式，卡通更容易掌握，也更容易吸引广大青少年积极参入。随着计算机软、硬件的飞速发展，制作卡通动画变得更容易了。以前制作动画片都是大型动画公司的专利，而且成本昂贵，技术门槛很高，是一些小公司和个人所望尘莫及的，现在只需要一台计算机，装上几个相关软件，就可以动手制作出让自己心仪的动画作品，这就更加速了卡通动漫业的飞速发展，其应用范围也在不断拓展，涉及电影、电视、广告、网络、电子游戏、手机等。难怪有人说21世纪是卡通动漫的世纪。

1.1.1　表现形式

卡通动画的表现形式非常广泛，几乎可以囊括各种传统的绘画艺术门类，如漫画、油画、水粉画、水彩画、铅笔画、中国画、儿童画、剪纸、年画、皮影……凡是与绘画艺术沾边的，都可以通过卡通动画的形式来表现，这也为卡通动画的快速发展奠定了坚实的艺术基础。如图1-1所示为中国画风格的动画片；图1-2所示为欧美风格的动画片；图1-3所示为日本风格的动画片。

图1-1

图1-2

图1-3

1

近年来，随着计算机技术的飞速发展，三维动画这一全新的艺术形式开始登上卡通动画的艺术殿堂，有力地推动了卡通艺术的历史性发展。图1-4所示为三维动画风格的动画片。

图1-4

1.1.2 市场前景

卡通动漫产业有着广阔的市场前景。从发达国家来看，美国的400家最富有的公司中，有72家是文化企业，其音像业的出口仅次于航空业，居于第二位，占据了40%的国际市场。日本的动漫及其相关产业是位居旅游产业之后的第二大支柱产业，其年产值早已超过了汽车工业。加拿大的文化产业规模超过了农业、交通、通信及信息产业。与世界卡通业的发展相比，我国的卡通产业发展才刚刚起步，尽管在计划经济时代我国曾制作出大量的优秀动画片，但在市场经济发展的大潮下，却没能跟上世界卡通业发展的脚步。近年来，这一蕴涵着巨大产值的产业已经引起了国家的高度重视，早在2000年，国家广电总局就出台了扶持国产动画的137号文件，要求省级电视台每天必须播出30分钟以上的动画片，其中60%必须是国产动画片（现在又调整为70%），国人欣喜地发现，最近几年电视屏幕正在悄悄地发生着变化，北京卡酷动漫频道开通了，各个电视频道中的国产动

画片的制作水平在不断提高，国产动画已经在孩子们的心中站稳了脚跟。现在我国的卡通产业已经进入了稳定高速的发展阶段，也是转向商业化操作并走向国际市场的关键历史时期。卡通动漫产业在中国有着不可限量的发展空间。

1.2 动画片的基本原理及制作流程

1.2.1 基本原理

所谓动画，就是用多幅静止画面连续播放，利用视觉暂留形成连续影像。由于人类的眼睛在分辨视觉信号时会产生视觉暂留的情形。

【视觉暂留】：医学证明，当一幅画面或一个物体的景像消失后，在眼睛视网膜上所留的映像还能保留1/24秒的时间。

电视、电影或动画就是利用了人眼的这一视觉暂留特性，只要快速地将一连串图形显示出来，然后在每一张图形中做一些小小的改变（如位置或造型），就可以欺骗眼睛造成连续运动的效果。

比如传统的电影，就是用一长串连续记录着单幅画面的胶卷，按照一定的速度依次用灯光投影到屏幕上。为了让观众感受到连续影像，电影以每秒24张画面的速度播放，也就是一秒钟内在屏幕上连续投射出24张静止画面。动画的播放速度亦称帧频，单位是fps，其中的f就是英文单词Frame（画面、帧），p就是Per（每），s就是Second（秒）。用中文表达就是多少帧每秒，或每秒多少帧。电影是24 fps，通常简称为24帧。

电视机的信号。中国与欧洲所使用的PAL制式为25 fps，日本与美洲使用的NTSC制式为30 fps。如果动画在计算机显示器上播放，则12 fps就可以达到连续影像的效果。这样，在制作视频的时候，要想好发布在何种设备上，以设定不同的帧速。

对于PAL制式的电视卡通动画片来说，如果把每秒钟25帧全部画出来的话，需要庞大的劳动力和大量的时间及资金。通常情况下一般按每秒钟8帧来绘制，就可以基本满足电视的播放要求。这就是为什么经常看到动画片中的角色运动有停顿的感觉。在电影中，为了最小限度地展现流畅的运动，一般采用每秒钟12帧来制作。每秒钟画的帧数越多，动画越流畅，当然花费的时间、资金和精力也越大。

在动画的绘制过程中，首先把角色动作中的关键姿态画出来，这一帧通常叫作"关键帧"（英文为Keyframe），也叫作"原画"。然后根据需要，在两个关键帧之间再添加几张动画，这些画面叫"中间帧"或"中间画"。如图1-5所示，从一个人举手到将手放下的动作，原画只需要画出手举起和放下时的两个动态，而动画需要把这个动作细细分割，将动作轨迹的每一部分全部画出。动画的功能是将原画设计的关键动作之间的空缺连接起来，是保证人物动作正确性不可或缺的重要环节。

图1-5

在这儿要记住帧和关键帧的概念，说白了，一帧就是指一幅画面。还要记住中国的电视制式为PAL制，即每秒25帧，分辨率为720×576，这些以后会经常用到。

1.2.2　基本制作流程

动画片的基本制作流程，在过去整整一个世纪里几乎都没有什么变化，但是，涉及其中的许多工具都有了发展。尤其是计算机介入制作工艺流程当中，减少了制作过程的许多环节，使制作人员将更多的时间和精力投入到动画艺术创作中。

动画片的制作周期一般分3个主要阶段：前期制作阶段、制作阶段、后期制作阶段。

1.前期制作阶段

前期制作阶段的主要工作为：有一个好的剧本并转化为可行的文字脚本或电影脚本，制定详细计划，创意设计故事板，准备摄影表，录制画外音。

（1）把一个精彩的剧本转换成可操作的文字脚本或电影脚本，是整个动画片成功的关键一步，如图1-6所示。

图1-6

（2）进行大量的创意设计工作，也就是把文字脚本视觉化，创作故事场景、人物角色和运动方式，设置视觉效果和节奏，最后绘成故事板，它是文字脚本与最终成品的桥梁，如图1-7所示。

图1-7

（3）把故事板中的每一幅场景小原画进行分解，计算需要手工绘制的帧数和安排绘制时间，制成摄影表，如图1-8所示。

图1-8

（4）录制画外音这一步也可以放在后期制作阶段，这主要取决于个人的偏爱。一般来说，西方国家的动画制作者首先录制声音，以确保精确的嘴形对位，而东方国家更习惯于把动画制作完成后再录制声音，以便于配音演员根据画面对动作和情感作出反应，如图1-9所示。

图1-9

2.制作阶段

制作阶段是真正动手实际执行的阶段。利用故事板建立曝光表。曝光表将准确地罗列出每一秒动画需要绘制的画面，还有对白和嘴形。然后进入实际制作阶段。接着上面的步骤继续进行。

（1）在打孔的动画定位纸上用铅笔为每一段镜头绘制关键帧。再完成关键帧之间每一动作的绘制，如图1-10所示。

图1-10

（2）一旦绘制完成一段镜头，就要对这些铅笔稿进行核实，确定无误后用扫描仪扫描铅笔稿，如图1-11所示。

图1-11

（3）利用动画制作软件中的描绘工具对铅笔扫描稿进行勾边并修形，如图1-12所示。

图1-12

（4）最后利用数字化绘画工具给每帧画面上色，如图1-13所示。

图1-13

步骤（3）、（4）常用的软件有Adobe Illustrator、Toonz、Freehand、CorelDraw、Flash、Photoshop等。

整个制作阶段的工作是一项时间漫长而艰巨的任务。

 随着数字化的发展，现在可以直接利用铁笔和绘图板绘制关键帧和中间帧，省去了步骤（1）和步骤（2），直接进入步骤（3），如图1-14所示。

图1-14

3.后期制作阶段

后期制作阶段是整理、合成、修订所有的要素及善后的工作。

（1）把大量的连续镜头进行编辑处理，增加视觉效果，如图1-15所示。

图1-15

（2）添加画外音、音效和音乐；还要加上字幕和片头，如图1-16所示。

这一阶段常用的软件有After Effects、Premiere、Combustion及苹果机上的软件Apple Shake、Final Cut、Motion等。

图1-16

（3）最后把制作完成的动画作品根据需要输出到观看和发行的媒介上。现在就看后期效果了，如图1-17所示。

图1-17

看到这儿，可能对刚刚燃起的制作动画片的欲望产生了怀疑。请不要泄气，上面介绍的是传统动画片的制作流程，的确非常复杂，是需要一个强大的团队才能完成的。那么自己制作动画片的梦想还能否实现呢？回答是肯定的，下面就介绍这个能帮每一个人实现梦想的强大软件——Flash。

1.3 Flash与卡通动画

Flash是美国Macromedia公司（后被Adobe公司收购）出品的矢量动画和多媒体

创作的专业软件，以其文件小、通用性好、动画速度快、互动性能强等特点广泛应用于网络领域：网络卡通动画、彩铃、产品展示、多媒体光盘、网络游戏、网站建设、电子贺卡、教学课件等。近年来随着Flash软件技术的不断完善和增强，Flash的应用迅速走进电视电影屏幕：电视卡通动画系列剧、电影短片、电视MTV、电视广告等。CCTV3的《快乐驿站》就是一个很好的Flash制作动画片的成功典范。如图1-18和图1-19所示分别是网上非常流行的流氓兔和史努比系列动画片。

图1-18　　　　　　　图1-19

Flash有着强大的卡通动画制作功能，其制作动画的流程完全参照了传统动画片的制作流程。把传统动画制作的各个阶段的复杂过程统一到一个软件中。尽管现在Flash的作品与传统动画制作的作品还有一定差距，但已经相当专业了，完全可以制作出令人心仪的动画作品。最为关键的是Flash软件简单易学，制作成本低廉，传播

途径多元，为个人和小的制作公司提供了制作卡通动画的专业平台，开辟了一条制作卡通动漫的新途径。

或许读者已经迫不及待了，想马上动手制作自己的动画片，还不能着急，首先需要掌握Flash软件的基本操作，才能进入到创作中。

本章小结

本章重点讲述了传统卡通动画片的原理和制作流程，以及Flash软件与制作卡通动画片的关系。需要掌握的知识点有：（1）原画、中间画、动画的概念；（2）动画片的基本原理；（3）制作动画片的3个阶段。

习 题

1.填空题

(1)中国的电视采用的是（ ）制式,每秒钟播放（ ）帧,分辨率是（ ）。

(2)动画片的制作流程一般分3个阶段,分别是（ ）、（ ）、（ ）。

2.简答题

(1)请说出动画片的基本原理是什么。

(2)简要描述一下动画片的制作流程共分哪几个阶段,每个阶段的主要工作是什么。

第2章　初识Flash

本章要点

1. Flash软件的安装方法。
2. Flash软件的基本操作和工作界面。
3. Flash的基本设置。
4. Flash的制作流程。

2.1　Flash的应用范围

Flash的功能非常强大，其应用范围也越来越广，现被广泛应用于网络、电视、游戏、教学、通信等。根据其功能，大体可分为以下几类。

1.卡通动画类

包括卡通动画片、广告、MTV、电子贺卡、彩铃等，图2-1所示为用Flash制作的应用教学动画片。

图2-1

2.导航类

主要是利用Flash的ActionScript语言，制作多媒体课件、购物目录、价格查询等应用程序。图2-2所示为用Flash制作的多媒体交互光盘。

图2-2

3.网页制作类

许多 Web 站点设计人员使用 Flash 设计用户界面。因其良好的媒体支持性能使得网页具有动感、时尚、美观等特点，深受广大用户的喜爱。图2-3所示为用Flash制作的网页。

图2-3

4.游戏制作类

游戏通常结合了 Flash 的动画功能和 ActionScript 的逻辑功能制作而成，这类游戏控制简单，趣味性强，被广大网友所喜爱。图2-4所示为用Flash制作的打飞机的游戏。

图2-4

本章的重点

Flash的功能主要分为动画功能和ActionScript语言功能两部分，本书主要介绍其动画功能部分，帮助读者尽快实现制作动画片的梦想。其语言功能部分主要是计算机编程的内容，对于初学者来说有一定的难度，本书只是介绍了一些基本功能，如果对该部分感兴趣，可以购买专门教程学习。

 Flash动画之所以在网络上如此流行，主要得益于其有以下特点。

（1）使用"流"播放技术，即播放前不需要将文件全部下载，而是一边播放一边下载，大大缩短了等待时间。

（2）动画对象采用矢量图形，即使内容丰富的动画片其文件数据量也非常小，有利于快速传播。

2.2 软件安装

拿到软件先不要着急安装，先看一看包装盒上所列的系统需求，看计算机是否符合Flash CS4的要求，免得装完了才发现程序执行起来不顺利。

2.2.1 系统配置需求

CPU：Intel Pentium 4，1 GHz或更快的处理器。

内存：大于512MB，最好1 GB以上。

硬盘可用空间：大于3.5 GB。

操作系统：Windows XP2以上版本。

显示器：最低分辨率为1024×768，16位显卡。

光驱：DVD-ROM。

多媒体功能需要 QuickTime 7.1.2软件。

在线服务需要互联网宽带连接。

 现在的计算机硬件已经很便宜了，如果想攒一台计算机用于做动画或设计，建议把握好3个方面：显卡，最好选择一款比较专业的独立显卡；内存，最好在1 GB以上；显示器，最好在19英寸以上。

2.2.2 安装在Windows系统上

在计算机Windows操作系统上安装Flash CS4的操作步骤如下。

（1）将Flash CS4的安装盘放进计算机的光驱中，安装程序开始自动检查系统配置文件，如图2-5所示。

图2-5

（2）安装程序开始自动安装，如图2-6所示。如果这时想停止安装，可以单击【取消】按钮。

图2-6

（3）安装程序弹出一个对话框，如图2-7所示，可以选择安装语言；可以单击【更改】按钮，重新选择软件的安装位置；可以选择安装选项。

图2-7

（4）设置完成后单击【安装】按钮继续安装。弹出【许可协议】对话框，如图2-8所示。

图2-8

（5）单击【接受】按钮，弹出【欢迎】对话框，在文本字段中输入Flash CS4的序列号，如图2-9所示。

（6）单击【下一步】按钮，安装完成，如图2-10所示，单击【退出】按钮就可以启动Flash CS4了。

图2-9

图2-10

2.3　使用Flash CS4

软件安装完成后，就可以使用Flash CS4进行动画制作了，首先要了解软件的启动和退出、工作界面及基本的文件管理。

2.3.1　Flash CS4的启动和退出

Flash CS4的启动和退出均有多种方式，可以根据自己的习惯灵活运用。

1.Flash CS4的启动

（1）首先执行下列操作之一。

①使用【开始】菜单启动：单击Windows桌面左下角的【开始】按钮，

打开【开始】菜单，如图2-11所示，单击【所有程序】|【Adobe Flash CS4 Professional】，即开始启动Flash CS4。（注：由于软件的安装方式不同，其在【开始】菜单中的位置也有所不同。）

图2-11

②使用桌面快捷图标启动：即双击桌面上Flash CS4的快捷图标，如图2-12所示，即可启动。这是最常用的一种方式。

③使用存在的Flash文件启动：如果计算机中已经打开了Flash CS4的文件，如文件"小黑人.fla"，可以通过双击其文件图标，如图2-13所示，在打开该文件的同时也启动了Flash CS4。

图2-12　　　图2-13

（2）软件启动后，弹出一个对话框，从中选择以何种方式创建新文件。如图2-14所示，共有3种选择。

①【打开最近的项目】：列出最近该

软件打开过的文件，单击想要打开的文件名称，则该文件被打开，可以继续以前的工作。

图2-14

②【新建】：新建一个空白文件。下面列出新建空白文件的格式，一般选择第一项或第二项即可。

③【从模板创建】：单击下面的【广告】按钮，打开Flash CS4自带的模板选项列表，如图2-15所示，共分两类模板："类别"和"广告"模板。可以根据需要进行选择，然后单击【确定】按钮即可。

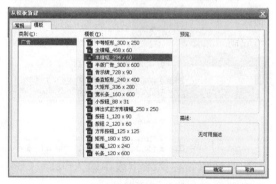

图2-15

（3）选择其中的任何一项，文件即被打开或创建，就可以开始学习或工作了。

2.Flash CS4的退出

退出Flash CS4的方法有几种，具体如下。

(1) 选择菜单栏中的【文件】|【退出】命令，如图2-16所示。

图2-16

(2) 单击Flash CS4界面右上角的【关闭】按钮×。

(3) 按Ctrl+Q快捷键，或按Alt+F4快捷键。

(4) 双击Flash CS4界面左上角的【控制菜单】按钮█；或在其上右击，从弹出的控制菜单中选择【关闭】命令，如图2-17所示。

图2-17

2.3.2 Flash CS4的工作界面

Flash CS4启动并创建一个新文件后，即可打开其工作界面，其主要区域的划分及名称如图2-18所示。

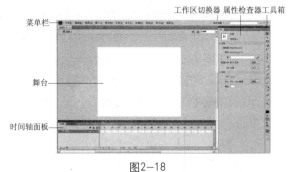

图2-18

1.工作区切换器

Flash CS4根据不同工作人员的需要，设计了几款工作界面，可以根据自己的习惯和爱好自由选择。

单击界面上方的【工作区切换器】，打开选项列表，如图2-19所示。

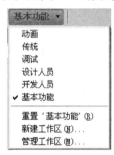

图2-19

Flash CS4的默认选项为【基本功能】。如果更习惯于以前版本的界面布局，可以选择【传统】。也可以自己创建更具个性的工作界面。本书以默认的【基本功能】界面进行讲解。

2.菜单栏

Flash几乎所有的命令都可以在菜单栏中找到，根据功能不同共分11个类型按钮，如图2-20所示，单击相应的按钮打开命令菜单，从中选择想要的命令即可。相应的命令及功能会在后面的相关章节中介绍。

文件(F) 编辑(E) 视图(V) 插入(I) 修改(M) 文本(T) 命令(C) 控制(O) 调试(D) 窗口(W) 帮助(H)

图2-20

3.工具箱

【工具箱】在屏幕的右侧，包含Flash常用的编辑、绘图工具。详细介绍在下一章中进行。

4.舞台

舞台是Flash CS4用来编辑制作动画的工作区。用于显示制作的动画内容和运动路径等。要在工作时更改舞台的视图，请使用放大和缩小功能。若要帮助在舞台上定位项目，可以使用网格、辅助线和标尺。

5.时间轴

【时间轴】面板主要用于创建动画和控制动画的播放，用于组织和控制一定时间内的图层和帧中的文件内容。时间轴的主要组件是图层、帧和播放头。详细介绍在第6章中。

6.属性检查器

【属性检查器】面板简称【属性】面板，在屏幕的右侧，用于显示和编辑在舞台或时间轴上当前选中内容的最常用属性。根据选择的内容，【属性检查器】可以显示当前文件、文本、元件、形状、位图、视频、组、帧或工具的信息和设置。

7.Flash CS4中的面板

除了上面提到的【时间轴】面板、【属性检查器】面板，Flash CS4还有许多面板，如【库】面板、【混色器】面板、【对齐】面板、【变形】面板、【动作】面板等，利用这些面板可以对相应的属性进行设置。

单击菜单栏中的【窗口】按钮，打开【窗口】菜单，如图2-21所示，从中可以打

开或关闭Flash CS4中的所有面板。在菜单中选择某一选项，则打开相应的面板，再次单击该选项，则关闭相应的面板。在后面的章节中会详细介绍各个面板的功能和应用。

图2-21

2.4 Flash CS4的文件管理

学习软件的第一步就是要首先学习它的文件操作。Flash CS4的基本文件操作包括新建文件、打开文件、保存文件和关闭文件。

2.4.1 Flash CS4中的文件类型

在Flash中，共涉及6种文件类型，每种文件类型的用途各不相同。

（1）FLA文件：是存储Flash作品的主要文件，其中包含Flash文件的基本媒体、时间轴和脚本信息。媒体对象是组成Flash文件内容的图形、文本、声音和视频对象。时间轴用于告诉Flash应何时将特定媒体对象显

示在舞台上。可以将ActionScript代码添加到Flash文件中，以便更好地控制文件的行为并使文件对用户交互作出响应。

（2）SWF文件：（FLA文件的编译版本）是Flash作品的发布文件，可在网页上显示，也可以使用Macromedia Flash Player播放器播放。当发布FLA文件时，Flash将创建一个SWF文件。

（3）AS文件：是ActionScript文件。可以使用这些文件将部分或全部 ActionScript代码放置在FLA文件之外，这对于代码组织和有多人参与开发Flash内容的不同部分的项目很有帮助。

（4）SWC文件：包含可重用的Flash组件。每个SWC文件都包含一个已编译的影片剪辑、ActionScript代码及组件所要求的任何其他资源。

（5）ASC文件：是用于存储ActionScript的文件，ActionScript将在运行Flash Media Server的计算机上执行。这些文件提供了实现与 SWF 文件中的 ActionScript 结合使用的服务器端逻辑的功能。

（6）JSFL文件：是JavaScript文件，可用来向Flash创作工具添加新功能。

2.4.2 新建文件

Flash CS4创建新文件的方法有许多种，可以根据习惯灵活使用。

1.在软件开始页中创建

在Flash软件启动的开始页中，可以有两种选择来创建新文件：【新建】、【从模板创建】。这在前面已经介绍过，不再赘述。

2.在菜单栏中创建

软件启动后，可以通过菜单栏来创建新文件，具体操作步骤如下。

（1）单击菜单栏中的【文件】|【新建】命令，或按Ctrl+N快捷键。打开【新建文件】对话框，如图2-22所示。

图2-22

（2）在【常规】选项卡中，选择需要的文件类型，然后单击【确定】按钮即可创建并打开新的文件。

（3）也可以在对话框中单击【模板】选项卡，弹出【从模板新建】对话框，如图2-23所示，从中选择需要的模板，单击【确定】按钮即可创建一个基于模板的新文件。

图2-23

3.在主工具栏中创建

具体操作步骤如下。

（1）单击菜单栏中的【窗口】|【工具栏】|【主工具栏】命令，打开【主工具栏】面板，如图2-24所示。

图2-24

（2）单击【新建】按钮，则Flash按最近一次创建文件的模式新建一个空白文件。

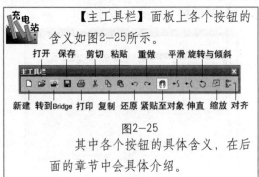

充电站 【主工具栏】面板上各个按钮的含义如图2-25所示。

图2-25

其中各个按钮的具体含义，在后面的章节中会具体介绍。

2.4.3　打开文件

打开已有的Flash文件与新建文件的方法类似，也有3种途径。

（1）在Flash软件的开始页中，选择【打开最近的项目】下的最近打开过的文件名称，或单击下面的【打开】按钮，弹出【打开】对话框，在【查找范围】下拉列表中选择要打开文件的路径，在下方的列表中选择已有的文件，然后单击【打开】按钮即可，如图2-26所示。

图2-26

（2）单击菜单栏中的【文件】|【打开】命令，或按Ctrl+O快捷键。弹出【打开】对话框，从中定位并选择已有的文件，然后单击【打开】按钮即可。

（3）在主工具栏面板上单击【打开】按钮，则弹出【打开】对话框，从中定位并选择已有的文件，然后单击【打开】按钮即可。

Flash可以同时打开多个文件，文件名称按打开的先后次序排列在窗口顶部，通过单击各个文件名称，可以在它们之间轻松切换，如图2-27所示。

图2-27

2.4.4　保存文件

当Flash作品完成后，需要将劳动成果保存下来，保存文件的方法也有几种。

1.保存Flash文件

保存Flash文件的操作步骤如下。

（1）执行下列操作之一。

①要覆盖磁盘上的当前版本，请选择【文件】|【保存】命令。或按Ctrl+S快捷键。

②要将文件保存到不同的位置或用不同的名称保存文件，请选择【文件】|【另存为】命令。或按Ctrl+Shift+S快捷键。

（2）如果选择【另存为】，或者以前从未保存过该文件，则弹出【另存为】对话框，单击【保存在】按钮来指定文件的存储位置，在【文件名】输入框中可输入要保存的文件名，如图2-28所示。

图2-28

（3）单击【保存】按钮即可把Flash文件保存在指定位置的指定文件中。

2．在退出Flash时保存文件

选择【文件】｜【退出】命令，如果打开的文件包含未保存的更改，Flash 会提示保存或放弃每个文件的更改。如图2-29所示，单击【是】按钮则保存更改并关闭文件；单击【否】按钮则关闭文件，不保存更改。

图2-29

2.4.5　关闭文件

当不需要某个打开的文件时，可以关闭该文件，而不需要退出Flash软件。常用的方法如下。

（1）单击菜单栏中的【文件】｜【关闭】命令或按Ctrl+W快捷键，则关闭当前打开的文件。

（2）单击菜单栏中的【文件】｜【全部关闭】命令或按Ctrl+Alt+W快捷键，则关闭所有打开的文件。

（3）单击舞台上方的文件名称右侧的按钮，可关闭该文件。

2.5　Flash CS4的基本设置

Flash CS4的基本设置包括对文件属性的设置、键盘快捷键的设置，舞台上使用标尺、网格等辅助定位的设置。

2.5.1　文件属性设置

文件属性包括舞台尺寸、舞台背景颜色、帧频等，决定输出文件的显示尺寸、背景颜色和播放速度。设置文件属性的方法有两种。

1．设置新建文件或现有文件的属性

在文件已经打开的情况下，要修改当前文件的属性，其操作步骤如下。

（1）单击菜单栏中的【修改】｜【文件】命令，或按Ctrl+J快捷键，打开【文档属性】对话框，如图2-30所示。

图2-30

（2）在对话框中可以进行如下设置。

【尺寸】：设置舞台的大小。可在文本框中输入舞台的宽度和高度值，默认是以像素为单位，还可以在下面的【标尺单位】项中选择设置单位。

【匹配】：可根据不同的需要设置舞台的大小。

【打印机】：将舞台大小设置为最大的可用打印区域。

【内容】：将舞台大小设置为内容四周的空间都相等。

【默认】：将舞台大小设置为默认大小（550×400像素）。

【背景颜色】：设置文件的背景颜色。单击一侧的按钮，可从弹出的调色板中选择颜色，如图2-31所示。

图2-31

【帧频】：输入每秒钟显示的动画帧的数量。Flash默认值为12 fps。

【标尺单位】：指定可以显示在应用程序窗口上沿和侧沿的标尺的度量单位。单击右侧的箭头按钮，打开选项列表，如图2-32所示。

图2-32

（3）设置完成后，选择下列操作之一。

①单击【确定】按钮，则将新设置仅用作当前文件的默认属性。

②先单击【设为默认值】按钮，再单击【确定】按钮，则将这些新设置不仅用作当前文件的默认属性，而且用作以后所有新文件的默认属性。

2.在属性检查器中设置文件的属性

在舞台空白处单击，则在属性检查器中显示当前文件的属性，如图2-33所示。

图2-33

【FPS】即【帧频】，可在右边的文本字段中输入帧频值。

单击【舞台】右侧的颜色按钮，从弹出的调色板中选择舞台背景色。

单击【编辑】按钮，打开【文档属性】对话框，参见图2-30，具体操作同前面完全一样。

2.5.2 键盘快捷键

在Flash中的大部分常用命令都对应一个键盘快捷键，熟练运用快捷键，可以更加方便软件操作，大大提高工作效率，而且还可以根据自己的喜好，自行定义、编辑快捷键。

1.使用快捷键

每个命令的快捷键都在菜单中相应命令的右侧，大部分以Ctrl键开头，还有一部分以Shift键和Alt键开头，以及一部分功能键。

图2-34所示为【编辑】菜单中的一部分命令及其对应的快捷键。例如，如果想撤销当前进行的操作，只需按Ctrl+Z快捷键即可，如果又想恢复刚刚撤销的操作，只需按Ctrl+Y快捷键即可。非常方便快捷。

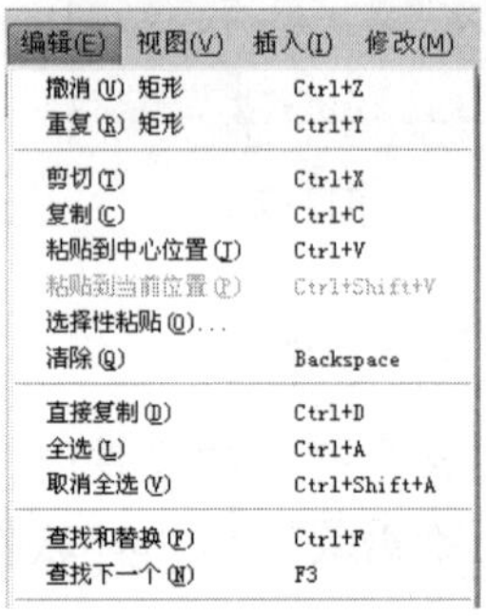

图2-34

2.设置快捷键

在Flash中，还可以根据自己的需要来设置快捷键，单击菜单栏中的【编辑】｜【快捷键】命令，弹出【快捷键】对话框，如图2-35所示。

图2-35

使用此对话框可以对快捷键进行选择、自定义、重命名或删除等操作。对于初学者来说最好不要修改软件默认的设置，等到熟练掌握软件的应用以后，再根据自己的习惯进行设置。

在本书的学习过程中，对于一些主要命令的快捷键都有介绍，可以在制作过程中逐渐记住并能熟练运用。

2.5.3　辅助定位设置

在Flash中可以通过使用标尺、辅助线、网格等辅助命令来协助舞台中对象的精确定位。

1.设置标尺

标尺可以帮助测量、定位舞台上的图形对象。

单击菜单栏中的【视图】|【标尺】命令，则在文件的左沿和上沿显示标尺，如图2-36所示，要想隐藏标尺，再次单击即可。

图2-36

在显示标尺的情况下移动舞台上的元素时，将在标尺上显示几条线，指出该元素的尺寸。

要指定文件的标尺度量单位，可选择【修改】|【文件】命令，然后从【标尺单位】菜单中选择一个单位即可，参见图2-32。

2.设置辅助线

辅助线是与标尺配合使用的，当显示标尺时，可以从标尺上将水平辅助线和垂直辅助线拖动到舞台上，帮助放置和对齐对象。

设置辅助线的操作步骤如下。

（1）单击【视图】|【标尺】命令，显示标尺。

（2）在标尺上单击并拖动鼠标，则出现一条浅蓝色直线，将其拖到舞台上并释放鼠标，则一条辅助线就添加完成了。图2-37所示为添加了4条辅助线的舞台。

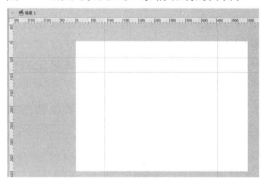

图2-37

（3）要想重新定位舞台上的辅助线，只需把鼠标放到辅助线上，当光标变为时，拖动鼠标到新的位置即可。

要想删除某条辅助线，只需将其拖到标尺上即可。

要想隐藏所有的辅助线，只需单击【视图】|【辅助线】|【显示辅助线】命令或按Ctrl+;快捷键关闭即可；要想再显示辅助线，再次单击即可。

（4）单击【视图】|【辅助线】|【编辑辅助线】命令，打开【辅助线】设置对话框，如图2-38所示，可以对辅助线的属性进行设置，其中各项的含义如下。

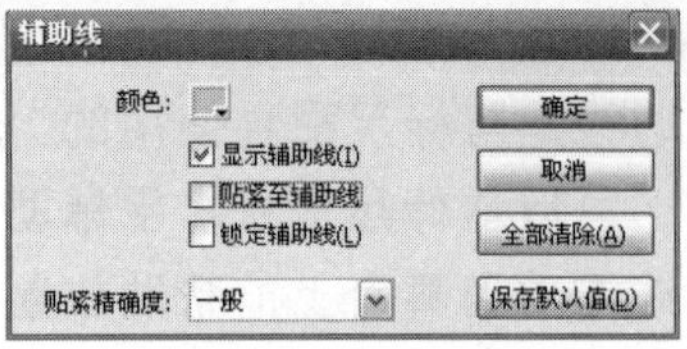

图2-38

【颜色】：可以设置辅助线的颜色，单击一侧的按钮，从弹出的调色板中选择需要的颜色。

【显示辅助线】：显示或隐藏绘画辅助线。

【贴紧至辅助线】：打开或关闭贴紧至辅助线，若打开，则在舞台上辅助线附近拖动图形对象时，拖动点自动吸附在辅助线上。

【锁定辅助线】：打开时将锁定舞台上的辅助线，使之不能拖动。

【紧贴精确度】：选择贴紧至辅助线时的精确度，有3种选择，如图2-39所示。

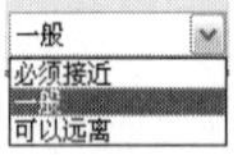

图2-39

【全部清除】：将舞台中所有的辅助线删除。

【保存默认值】：将当前设置保存为默认值。

（5）也可以通过单击【视图】│【辅助线】│【锁定辅助线】命令，或按Ctrl+Alt+;快捷键来锁定舞台中的辅助线。单击【视图】│【辅助线】│【清除辅助线】命令，将舞台中所有的辅助线删除。

3.设置网格

网格是在文件的所有场景中显示为一系列直线。可以辅助定位。

单击【视图】│【网格】│【显示网

格】命令或按Ctrl+´快捷键来显示网格，如图2-40所示，若想隐藏网格，则再次单击。

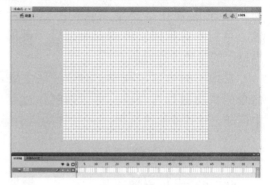

图2-40

单击【视图】│【网格】│【编辑网格】命令或按Ctrl+Alt+´快捷键，打开【网格】设置对话框，如图2-41所示，可以对网格的属性进行设置，其各项含义如下。

图2-41

【颜色】：设置网格线的颜色，单击一侧的按钮，从弹出的调色板中选择需要的颜色。

【显示网格】：显示或隐藏网格线。

【在对象上方显示】：使网格线显示在图形对象的上方或下方。

【贴紧至网格】：打开或关闭贴紧至网格线，若打开，则在舞台上拖动图形对象时，拖动点自动吸附在网格线上。

下面的两个箭头项用于输入定义网格的长宽值。

【贴紧精确度】：选择贴紧至网格线时的精确度，有4种选择，如图2-42所示。

图2-42

【保存默认值】：将当前设置保存为默认值。

4.设置贴紧方式

在Flash制作过程中，常常用到贴紧方式，以方便对象之间的对齐与定位。

单击【视图】|【紧贴】命令，打开贴紧方式选项列表，根据需要单击选择需要的贴紧方式，打开的选项前面有一个对号，若想关闭该贴紧方式，再次单击即可。如图2-43所示。

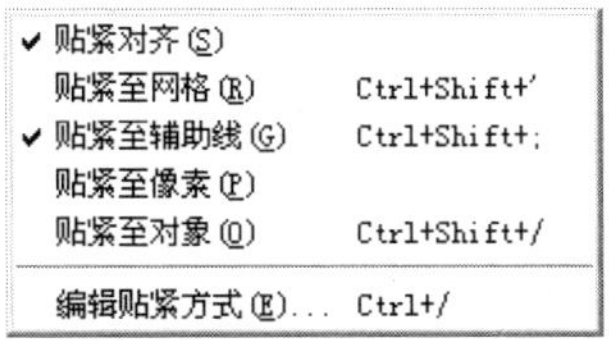

✓ 贴紧对齐 (S)	
贴紧至网格 (R)	Ctrl+Shift+'
✓ 贴紧至辅助线 (G)	Ctrl+Shift+;
贴紧至像素 (P)	
贴紧至对象 (O)	Ctrl+Shift+/
编辑贴紧方式 (E)...	Ctrl+/

图2-43

其中各项的含义如下。

【贴紧对齐】：可以按照指定的贴紧对齐容差，即对象与其他对象之间或对象与舞台边缘之间的预设边界对齐对象。在舞台上拖动一个图形对象靠近另一个图形对象时，自动按某种方式进行对齐，如左对齐、右对齐、上对齐、下对齐。在两个对象之间会出现一条或两条虚线作为对齐的参考线，如图2-44所示。

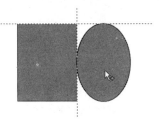

图2-44

【贴紧至网格】：在舞台上拖动图形对象时，拖动点自动吸附在网格线上。

【贴紧至辅助线】：在舞台上辅助线附近拖动图形对象时，拖动点自动吸附在辅助线上。

【贴紧至像素】：可以在舞台上将对象直接与单独的像素或像素的线条贴紧。

【贴紧至对象】：可以将对象沿着其他对象的边缘直接与它们对齐。

【编辑贴紧方式】：单击打开【编辑贴紧方式】对话框，如图2-45所示，从中可以设置贴紧方式。

图2-45

当选择【贴紧对齐】时，还可以在下面的文本字段中输入贴紧对齐的容差值，即对象与其他对象之间或对象与舞台边缘之间的预设边界。也可以选择【水平居中对齐】和【垂直居中对齐】。

单击【保存默认值】按钮可以把对话框中的设置保存为贴紧方式的默认值。

2.6 Flash的创作之旅

前面已经介绍了Flash CS4的基本界面、文件管理及一些基本设置，对Flash软件已经有了一个大概的了解，下面通过一个实例，先大概了解一下Flash动画作品的基本创作流程，至于各个环节的详细介绍会在后面的章节中展开。

通过制作一个跳动的小球来了解Flash的制作过程，学习软件的启动，文件的基本操作，以及各个工作面板的基本功能。

实例文件：exe2-1.fla

（1）启动软件：双击桌面上的Flash CS4的快捷图标启动Flash CS4。也可以利用前面介绍的启动Flash CS4其他两种方式之一启动。

（2）创建新文件：在Flash软件启动的开始页中，单击【新建】项目下的第一个选项【Flash文件（ActionScript3.0）】创建一个新文件。

（3）属性设置：在【属性检查器】的【属性】项目下单击【编辑】按钮，打开【文件属性】对话框，可以设置文件的舞台尺寸、背景颜色和帧频等。在这儿使用默认设置。

（4）在舞台上绘制图形对象：单击工具箱中的【椭圆工具】按钮○，再单击工具箱下方的【颜色填充】按钮，从弹出的调色板中，选择一种想要的颜色，这儿选择一种红色，如图2-46所示。

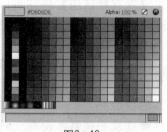

图2-46

（5）按住Shift键的同时在舞台上拖动，绘制一个红色的圆。按住 Shift 键会使【椭圆工具】只能绘制标准圆，如图2-47所示。

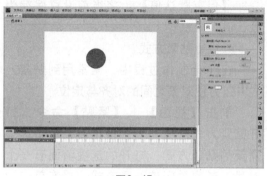

图2-47

（6）制作动画：单击工具栏中的选择工具 ，然后单击舞台上的圆球选取它。拖动鼠标，将圆球移到舞台的左上方。如图2-48所示。

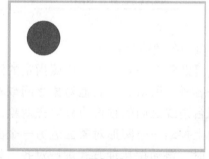

图2-48

（7）在时间轴面板中单击图层1的第25帧，选择该帧，如图2-49所示。

图2-49

（8）按F6键创建一个关键帧，并将圆球拖到舞台的中下方，如图2-50所示。

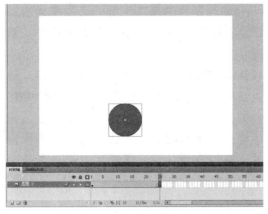

图2-50

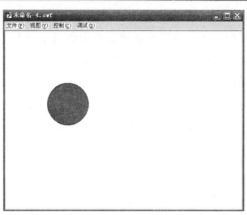

图2-53

（9）在帧序列上右击，从弹出的菜单中选择【创建传统补间】，如图2-51所示，则在帧序列上出现一个箭头，如图2-52所示。说明已经创建了传统补间动画。

图2-51

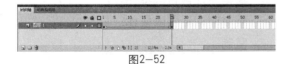

图2-52

（10）测试动画：按Ctrl+Enter快捷键，弹出一个播放窗口，播放刚刚制作的动画，如图2-53所示。单击右上角的按钮 ，关闭播放窗口。

（11）利用步骤（7）、（8）、（9）相同的方法，选择第50帧，按F6键创建关键帧，并将圆球拖到舞台的右上方，如图2-54所示，在25帧～50帧的帧序列上右击，从弹出的菜单中选择【创建传统补间】命令，则在25帧～50帧的帧序列上出现一个箭头，如图2-55所示。

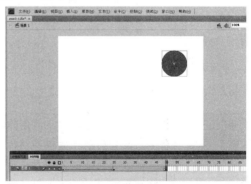

图2-54

图2-55

（12）再次按Ctrl+Enter快捷键，测试制作的动画，现在小球在做一个反弹的动画过程。

（13）保存文件：把制作的动画作品保存下来，只需单击菜单栏中的【文件】|【另存为】命令，在弹出的对话框中输入文件名"exe2-1.fla"，单击【保存】按钮即可。

（14）发布文件：Flash作品制作完成后，需要输出一个能够被其他软件调用或能独立播放的文件。单击菜单栏中的【文件】|【发布设置】命令，打开【发布设置】对话框，从中可以设置要输出的文件格式及文件的品质，如图2-56所示。设置完成后单击【发布】按钮即可在指定的位置找到输出的文件。

图2-56

严格地讲，Flash动画作品的创作流程与传统动画片的制作流程是一样的，也分为前期准备阶段，动画的策划、素材的收集等；制作阶段，动画的制作，配音配乐、调试和测试动画等；后期制作阶段，动画的合成、动画的发布输出等。

本章小结

本章重点讲述了Flash软件的安装、工作界面、基本的文件操作、基本的设置及Flash动画制作的基本流程。必须掌握的知识点有以下几点。（1）文件的基本操作：新建、打开、保存、关闭文件的操作方法。（2）Flash的基本设置：文件的属性设置、键盘快捷键、辅助定位设置。（3）了解Flash软件的工作界面和动画制作的基本流程。初学者应该大胆尝试，一边看书一边操作软件，获取直观认识。多动手，勤思考是学习软件的最好方法。

习 题

1. 选择填空题

（1）下列文件格式中，用于存储Flash内容的文件是（　　　），Flash作品的发布文件是（　　　）。

A.SWF　　　　　B.SWC

C.FLA　　　　　D.AS

（2）分别为下面的命令填上正确的快捷键：

新建文件　　　　　　　　（　　　　）
打开文件　　　　　　　　（　　　　）
关闭文件　　　　　　　　（　　　　）
保存文件　　　　　　　　（　　　　）
另存为　　　　　　　　　（　　　　）
打开文件属性对话框　　　（　　　　）
撤销当前进行的操作　　　（　　　　）
恢复刚刚撤销的操作　　　（　　　　）
复制　　　　　　　　　　（　　　　）
粘贴　　　　　　　　　　（　　　　）
剪切　　　　　　　　　　（　　　　）
直接复制　　　　　　　　（　　　　）

2. 思考题

（1）请说出3种启动Flash软件的方法。

（2）Flash动画制作一般要经过哪几个阶段？

第3章　Flash的绘图功能

本章要点

1. 位图与矢量图的区别和应用。

2. 基本绘图工具的应用。

3. 对象选择工具的应用。

3.1　位图与矢量图

　　Flash中使用的图形，根据其存储的原理不同，分为位图和矢量图两种类型。位图又称点阵图，是以格状排列的像素（Pixel）来定义图像，每个像素记载着图像的颜色资料。矢量图又称向量图，是以数学函数来描述几何图形，并具有线条宽度、控制点与填色等属性。

3.1.1　位图与矢量图的差异

　　位图与矢量图最大的差别在于位图放大以后会出现锯齿状边缘，其所需内存与存储空间较大；而矢量图具有简单、平滑、干净的特性，放大后仍然是平滑的边缘，由于是用数学函数来描述的图形，因此只需少量的内存与存储空间。从图3-1和图3-2可看出两者在放大后的显著差别。

图3-1 位图放大效果　　图3-2 矢量图放大效果

　　位图比较适合于表现细腻、色彩丰富、包括大量细节的写实图像。在Flash中一般用于动画的背景。

　　矢量图比较适合于由色块组成的图形。Flash用矢量图作为动画的素材，大大减少了动画文件的体积，再配合先进的流技术，从而使Flash能够在网络上纵横驰骋。

　　恰到好处地运用位图与矢量图能做出画面绚烂且体积小的动画效果。

3.1.2　将位图转换为矢量图

　　【转换位图为矢量图】命令会将位图转换为具有可编辑的离散颜色区域的矢量图形。此命令可以将图像当做矢量图形进行处理，而且它在减小文件大小方面也很有用。

　　单击菜单栏中的【修改】｜【位图】｜【转换位图为矢量图】命令，打开对话框，如图3-3所示。

图3-3

　　【转换位图为矢量图】对话框中各项参数的含义如下。

　　【颜色阈值】：介于1～500，当两个像素进行比较，如果它们在 RGB 颜色值上

23

的差异低于该颜色阈值，则两个像素被认为是颜色相同。该阈值越大，则意味着转换后的颜色数量越少。

【最小区域】：介于1～1000，用于设置在指定像素颜色时要考虑的周围像素的数量。

【曲线拟合】：用于确定转换后矢量图轮廓的平滑程度。共有6种选择，如图3-4所示。

【转角阈值】：确定是保留锐边还是进行平滑处理，单击共有3种选择，如图3-5所示。

图3-4   图3-5

 要创建最接近原始位图的矢量图形，请输入以下的值。

【颜色阈值】：10 【最小区域】：1

【曲线拟合】：像素

【转角阈值】：较多转角

通过这个练习，学习怎样将位图导入Flash，并将其转换为矢量图形。

实例文件：exe3-1.fla

（1）启动Flash，新建一个文件，另存为exe3-1.fla。

（2）单击主菜单栏中的【文件】｜【导入】｜【导入到库】。

（3）从弹出的【导入到库】窗口中，在"查找范围"处找到配书素材\第3章，选取文件"huaduo01.jpg"，单击【打开】按

钮，如图3-6所示，则位图huaduo01.jpg进入到该文件的库中。

图3-6

（4）将位图huaduo01.jpg从库中拖到舞台上放好，如图3-7所示。

图3-7

（5）选择当前场景中的位图，单击菜单栏中的【修改】｜【位图】｜【转换位图为矢量图】命令。

（6）在【颜色阈值】栏输入一个介于1～500的值，此处输入50。其他参数保持不变，单击【确定】按钮，如图3-8所示，则该位图自动转换为矢量图，效果如图3-9所示。现在就可以在Flash中对其进行编辑处理了。

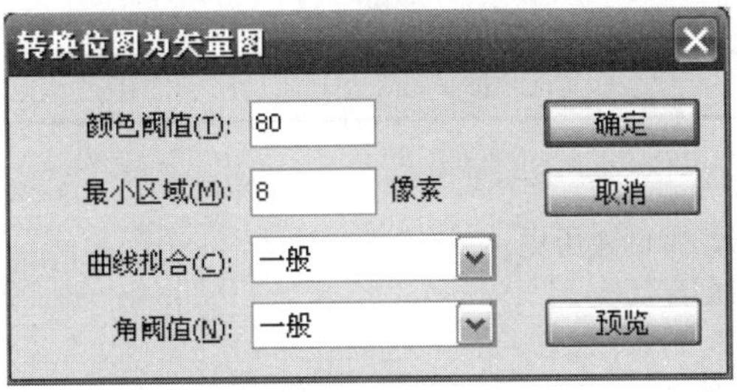

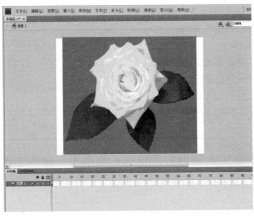

图3-8

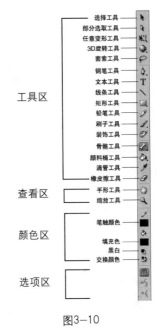

3.2　绘图工具箱

在Flash CS4面板的右侧是绘图工具箱，Flash中的图形主要就是利用这些工具绘制完成的。工具箱根据功能分为工具区、查看区、颜色区和选项区4部分，如图3-10所示。

图3-9

（7）保存文件exe3-1.fla。

将位图转换为矢量图形后，矢量图形不再链接到【库】面板中的位图元件。

图3-10

3.2.1　工具区

工具区包含选择、绘画、变换和填色工具，每个工具的功能分别如表3-1所示。

表3-1　工具区中各工具的功能

工具名称	快捷键	功　能
选择工具	V	选择和移动舞台中的各种对象，也可修改对象的大小和形状
部分选取工具	A	对舞台中的对象进行移动和修改
任意变形工具	Q	对舞台中的对象进行旋转、变形、缩放
渐变变形工具	F	对用渐变色进行填充的对象对其填充的渐变色进行变形
3D 旋转工具	W	对舞台中的对象在三维空间中进行旋转
3D 位移工具	G	对舞台中的对象在三维空间中进行位移
套索工具	L	选择舞台中的不规则对象或区域
钢笔工具	P	可绘制 Bezier 线条，并对线条进行调整
文本工具	T	可输入和修改文本
线条工具	N	可绘制任意方向和长短的直线

续表

工具名称	快捷键	功 能
矩形工具	R	可绘制矩形或正方形
椭圆工具	R O	可绘制椭圆或圆
基本矩形工具	R O	可绘制矩形或正方形，带创建历史
基本椭圆工具	O	可绘制椭圆或圆，带创建历史
多角星形工具		可绘制多角星形
铅笔工具	Y	可绘制任意形状的线条
刷子工具	B	可绘制任意形状的矢量色块
喷雾画笔工具	B	以喷雾的形式在舞台上喷画图案
装饰工具	U	可绘制随机蔓延形状的装饰性图案
骨骼工具	X	绘制角色动画的骨骼
绑定工具		用于绑定或解除骨骼与控制点之间的联系
颜料桶工具	K	填充或改变舞台中的矢量色块的颜色
墨水瓶工具	S	填充或改变舞台中对象的边框颜色
滴管工具	I	吸取已有对象的颜色，并将其应用到当前对象
橡皮擦工具	E	擦除舞台中的对象

值得特别注意的是，其中有一些工具是包含在工具图标右下角有一个小黑三角的工具中，只要在该图标上单击并稍作停顿，就可弹出相应的选项菜单。

3.2.2 查看区

查看区中包含缩放和移动工具，用于改变舞台的显示状况，便于编辑和修改舞台中的对象。如表3-2所示。

表3-2 查看区中各工具的功能

工具名称	快捷键	功 能
手形工具	H	按住鼠标左键可移动舞台
缩放工具	M	单击可以改变舞台的显示比例

3.2.3 颜色区

颜色区包含用于定义笔触颜色和内部填充色的工具，其各个工具的功能如表3-3所示。

表3-3 颜色区中各工具的功能

工具名称	快捷键	功 能
笔触颜色		用于定义线条和边框的颜色
填充色		用于定义对象中色块的颜色
黑白		用于定义边框为黑色，填充色为白色
交换颜色		用于交换笔触颜色和填充色

3.2.4 选项区

选项区用于显示所选工具的相关设置按钮，不同工具的设置按钮也不一样，当从工具区中选中一个工具时，在选项区中就会自动显示该工具的设置选项。图3-11所示为套索工具的选项区。

图3-11

3.3 基本图形工具的应用

在Flash的制作过程中，离不开基本绘图工具，更是初学者首先要熟练掌握的。下面就结合实例练习，详细解读这些基本绘图工具的应用步骤。

3.3.1 矩形工具和基本矩形工具

单击工具箱中的【矩形工具】，在属性检查器上弹出矩形的参数设置窗口。主要参数的功能如图3-12所示。

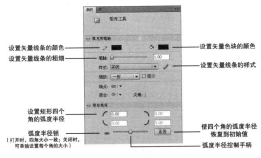

图3-12

其中以下几点需要说明。

【样式】：单击，从弹出列表中选择矢量线条的样式，提供的样式如图3-13所示。

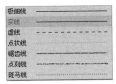

图3-13

【矩形选项】：其中4个角的弧度半径值可以是正数也可以是负数。默认为0时，矩形的角为直角；为正数时，矩形的角为向外凸的弧度角；为负数时，矩形的角为向内凹的弧度角。如图3-14所示。

4个角 =0　　4个角 =40　　4个角 =-40

图3-14

单击【矩形工具】后的选项区，如图3-15所示，有两个选项。

图3-15

【对象绘制】按钮为开时，绘出的图形自动组合，变换时不会互相影响。

【紧贴至对象】按钮为开时，可以将对象沿着其他对象的边缘直接与它们贴紧。

【矩形工具】和【基本矩形工具】都是用来绘制矩形或正方形的，两者最主要的区别是：前者先设定参数，然后在舞台上绘制，绘制完成后参数就不再起作用了；后者是可以先直接在舞台上绘制，然后再调整参数，舞台上的图形随着参数的变化而变化。

> 动手做　在舞台中绘制矩形、正方形，掌握绘制步骤，理解两种绘制方法的不同。
> 实例文件：exe3-2.fla

（1）启动Flash，新建一个文件。

（2）单击工具箱中的【矩形工具】，在属性面板上弹出矩形的参数设置窗口。定义色块的颜色为蓝色，设【笔触】为5，其他为默认值。

（3）将鼠标移动到舞台中需要绘制矩形的位置，此时鼠标变为十字形。按住鼠标左键向任意方向拖动，当矩形的大小符合要求后，松开鼠标左键即可绘出一个矩形。如图3-16所示。

（4）将鼠标移动到舞台的空白处，按住Shift键拖动鼠标，将绘出一个正方形。如图3-17所示。

图3-16　　　　　　图3-17

（5）将矩形的【弧度半径】锁打开，拖动控制手柄，将4个角的弧度半径分别设为100、-100，然后在舞台空白处绘出的图形如图3-18所示。

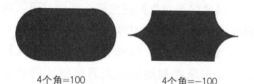

4个角=100　　　　　4个角=-100

图3-18

（6）将矩形的【弧度半径】锁关闭，将一个角的值设为100，其他值设为0，则所绘出的图形如图3-19所示。将线条样式设为【点状线】，则所绘出的图形如图3-20所示。

图3-19　　　　　　图3-20

（7）选择【基本矩形工具】，在舞台空白处绘出一个矩形，在属性面板中调整矩形的参数，观察舞台中的矩形会随着参数的变化而变化。

> **金点子** 在【矩形工具】的选项区中打开【紧贴至对象】按钮，将鼠标移到舞台的空白处拖动，当光标处是个小圆时┘，绘出的图形为长方形；当光标处是个粗一点稍大的圆时，绘出的图形为正方形。当鼠标拖到舞台中其他对象的附近时，光标处也显示为，这时松开鼠标，则所绘图形自动与其他对象吸附在一起。

3.3.2　椭圆工具和基本椭圆工具

【椭圆工具】和【基本椭圆工具】都是用来绘制椭圆、正圆、扇形、圆环形等形状的图形工具。

单击工具箱中的【矩形工具】并稍作停顿，从弹出的菜单中选择【椭圆工具】或【基本椭圆工具】，则在属性面板中弹出椭圆的参数设置窗口。上半部分与【矩形工具】的一样，下半部分如图3-21所示。

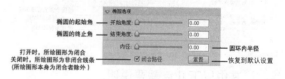

椭圆的起始角 —— 开始角度　　　0.00
椭圆的终止角 —— 结束角度　　　0.00
　　　　　　　　内径　　　　　　0.00 —— 圆环内半径
打开时，所绘图形为闭合
关闭时，所绘图形为非闭合线条 —— ☑闭合路径　重置 —— 恢复到默认设置
（所绘图形本身为闭合者除外）

图3-21

【椭圆工具】和【基本椭圆工具】的应用步骤、技巧、两者之间的区别完全与【矩形工具】和【基本矩形工具】的一样。图3-22所示是利用【椭圆工具】绘出的不同形状。

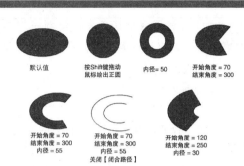

| 默认值 | 按Shift键拖动鼠标绘出正圆 | 内径=50 | 开始角度=70 结束角度=300 |

| 开始角度=70 结束角度=300 内径=55 | 开始角度=70 结束角度=300 内径=55 关闭【闭合路径】 | 开始角度=120 结束角度=250 内径=30 |

图3—22

3.3.3　多角星形工具

【多角星形工具】用来绘制多边形和星形。单击工具箱中的【矩形工具】并稍作停顿，从弹出的菜单中选择【多角星形工具】◯，在属性检查器中弹出一个参数设置项【选项】。单击，弹出参数设置窗口，如图3—23。

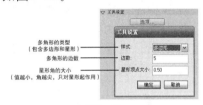

图3—23

在参数设置窗口中设置不同的参数，可以绘出不同的多角形，图3—24所示是用【多角星形工具】绘出的不同形状的图形。

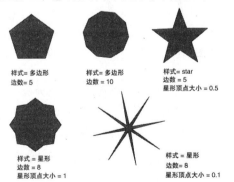

图3—24

3.4　路径绘制工具的应用

在Flash中绘制路径的工具有：【线条工具】、【钢笔工具】和【铅笔工具】。它们各有特点，可根据实际情况灵活运用。

3.4.1　线条工具

【线条工具】是Flash中既简单又实用的绘画工具，可以用于绘制直线，也可以与【选择工具】配合，绘制各种曲线。

单击工具箱中的【线条工具】◥，在舞台上按住鼠标拖动，即可绘出所需的直线。在绘制前，可以在属性面板上设置线条的属性，如图3—25所示。

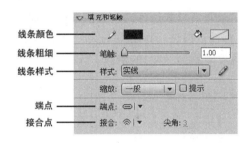

图3—25

其他参数一目了然，这儿重点介绍最下面3个参数的作用。

【端点】：用于定义绘出直线的两个端点的形状，单击右边的小三角，弹出选项窗口，如图3—26所示。对应各个选项所绘出的相同长度的直线效果如图3—27所示。

图3—26　　　　图3—27

【接合】：用于定义两个线段的接合点处的形状，单击右边的小三角，弹出选项窗口，如图3-28所示。对应各个选项所绘出的接合点处的效果如图3-29所示。

图3-28　　　　　　图3-29

【尖角】：只有当【接合】选项为【尖角】时有效，控制接合点的清晰度。

注意：

（1）【端点】和【接合】这两个参数，只有当【线条样式】为实线时有效。

（2）按住 Shift 键拖动，可以将线条的角度限制为 45°的倍数。

3.4.2　钢笔工具

【钢笔工具】可以绘制直线、曲线，最主要的是可以在绘制过程中通过曲率的调整来控制曲线的绘制，还可以对所绘曲线进行编辑调整。

单击工具箱中的【钢笔工具】 ，在属性面板上弹出参数设置窗口，与【线条工具】的完全一样。单击一下【钢笔工具】或单击 右下角的小三角或单击【钢笔工具】并稍作停顿，则弹出【钢笔工具】的编辑菜单，如图3-30所示。

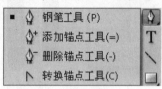

图3-30

利用【钢笔工具】绘制一把茶壶，练习【钢笔工具】的应用步骤和相关的技巧。

实例文件：exe3-3.fla

（1）启动Flash，新建一个文件，另存为exe3-3.fla。

（2）单击工具箱中的【钢笔工具】 ，在属性面板上设置Stroke=5，其他为默认值。

（3）将鼠标移到舞台上，这时光标变为 ，在起点位置单击，这时在舞台上出现一个小圆圈。释放鼠标左键，将光标移到另一点并单击，这时在两点之间自动出现一条直线。如图3-31所示。

（4）释放鼠标左键，将光标移到下一点并单击，则第二条直线自动绘出，依次类推，再绘出第三条，然后将光标移到起点上，这时光标变为 ，单击起点，则第四条直线绘出，且整个绘出的图形是闭合的，如图3-32所示。

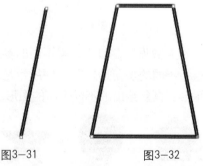

图3-31　　　　　　　图3-32

当所绘制的路径要求是开放的，要想结束绘制，可以按Ctrl键在路径外单击；如要求是闭合的，则只需将光标放到起点上，当光标变为 时单击即可。

（5）将鼠标移到右侧边线上，光标变为时单击，在边线上添加了一个点，作为茶壶把的起点。释放鼠标左键，将光标移到下一点单击，当出现一条绿线时，左右稍微拖动鼠标，这时路径点两端会出现曲线的切线手柄，拖动鼠标会改变该点曲线的曲率，释放鼠标左键，则绘出一条曲线，如图3-33所示。

（6）用相同的办法，绘出茶壶把和茶壶嘴的轮廓，如图3-34所示。

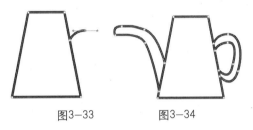

图3-33　　　　图3-34

（7）选择【转换锚点工具】，单击茶壶嘴处的点，使该处的曲线变为直线，如图3-35所示。

图3-35

（8）还可以利用【添加锚点工具】和【删除锚点工具】对所绘路径上的细节进行添加或删除。方法很简单，自己试一下吧。保存文件exe3-3.fla。

【钢笔工具】本身还具有添加和删除锚点的功能，当把鼠标移到所绘的路径上，光标变为时单击，则在路径上添加了一个锚点，当把鼠标放在路径的锚点上，光标变为时单击，则该锚点被删除。

【转换锚点工具】还可用于调整已绘路径的曲率，方法是将光标放在路径的锚点上，按下鼠标左键并稍作拖动，则该点处的两个切线手柄出现，继续拖动，曲线曲率就会随之变化，也可以分别调整该点的切线手柄。

3.4.3　铅笔工具

【铅笔工具】是又一个常用的绘图工具，它也可以绘制直线和曲线，而且正与它的名字一样，在舞台上就像用一支铅笔在纸上随意绘画。

单击工具箱中的【铅笔工具】，在属性检查器上弹出其参数设置窗口，与前面两个工具唯一不同的是，在下面多出一个【平滑】参数设置项，如图3-36所示，用于设置所绘曲线的平滑程度。它只对选项区中的【平滑】选项起作用。

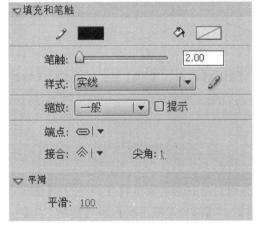

图3-36

在【铅笔工具】的选项区中单击【铅笔模式】，弹出铅笔模式的选项菜单，如图3-37所示。

图3-37

【直线化】选项绘出的曲线比较规则，可用它绘制一些比较规则的几何图形。

【平滑】选项绘出的曲线比较平滑流畅，其平滑程度可由【Smoothing】参数设置，多用于绘制一些柔和细致的图形。

【墨水】选项绘制的曲线比较真实地反映鼠标光标的运动路径，即鼠标光标的运动路径是什么样，所绘的曲线就是什么样，而前两个模式鼠标释放后所绘曲线会相应有一个调整。图3-38所示是这3种模式所绘出的曲线效果。

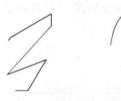

【直线化】模式　【平滑】模式　【墨水】模式

图3-38

3.5　对象选择工具的应用

Flash中的对象选择工具包括【选择工具】、【部分选取工具】和【套索工具】，可以对舞台中的对象进行选择和修改。

3.5.1　选择工具

工具箱上的第一个工具就是【选择工具】，它可用于选择、移动和修改图形

的形状。单击【选择工具】，在选项区出现3个选项，如图3-39所示。

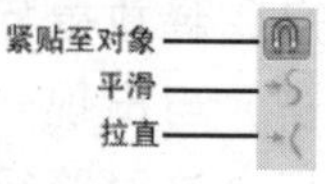

紧贴至对象 ——
平滑 ——
拉直 ——

图3-39

【紧贴至对象】：单击该按钮，使用【选择工具】拖动某一对象时，光标处会出现一个小圆圈，当该对象靠近另一个对象时，会自动吸附到另一对象的某一部位（如边缘、中心等）。使两个对象按照一定方式对齐，如图3-40所示。

当拖动一条路径上的一个点靠近另一个相邻点时，两个点也会自动吸附在一起，且在吸附点处出现一个小圆圈，如图3-41所示。这在保证一条路径必须是闭合时非常有用。

图3-40 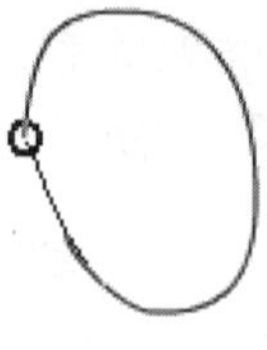　　　　图3-41

【平滑】：对所绘路径和形状进行平滑处理，使之更平滑流畅。如选中一条凹凸不平的路径，连续单击【平滑】按钮，则所选路径会越来越平滑，如图3-42所示。

【平滑】前　　　　经过30次【平滑】后

图3-42

【拉直】 对所绘路径和形状进行拉直处理，减少路径上多余的小弧度，如图3-43所示。

【拉直】前　　　　　2次【拉直】后

图3-43

【选择工具】的作用很多，主要有以下几个方面。

（1）选择一个对象：单击或双击所选对象即可。如果选择的是一条直线、一条连续的曲线、一个色块、一个组合的对象，只需单击它即可进行选择；如果所选的对象是一个未经组合的图形，非连续的曲线等，则需双击所选对象。

例如，要选择矩形的一条边，只需将光标移到该边上单击即可，要选择矩形的整个边框，则需在任一边上双击即可，要选择整个矩形，则需将光标移到矩形的色块上双击即可。

（2）选择多个对象：方法有两种，一是可以框选，就是按住鼠标左键拖动，方框所包含的对象在释放鼠标左键后被选择。另一个方法是，按住Shift键双击所要选择的对象。

（3）移动所选对象：将鼠标移到任一所选择的对象上，这时光标变为，按住鼠标左键拖动即可随意移动所选择的对象，如图3-44所示。

图3-44

（4）调整路径的曲率：将鼠标移到对象的某一边上，这时光标变为，按下鼠标左键拖动，这时出现一条绿线，释放鼠标左键，路径的曲率改变了。图3-45所示是对矩形的调整过程。

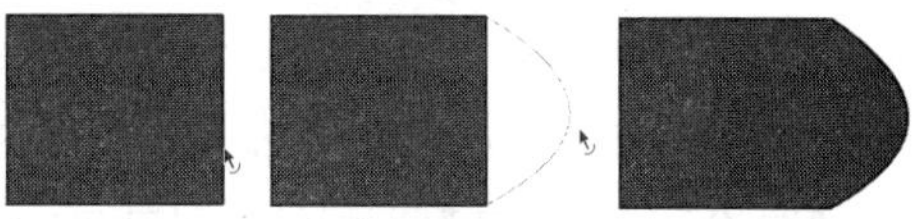

图3-45

（5）移动拐点：当鼠标移到对象的边缘拐点处时，光标变为，按下鼠标左键拖动，这时出现绿线，释放鼠标左键，拐点移到了新的位置。图3-46所示是移动拐点的过程。

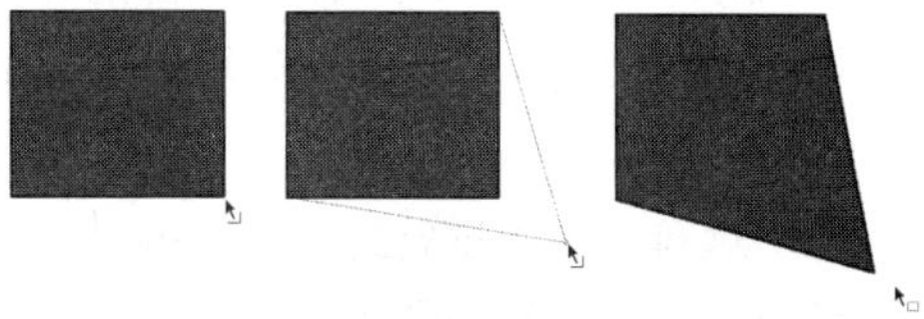

图3-46

（6）添加拐点：将鼠标移到对象的某一边上，当光标变为时，按住Ctrl键进行拖动，到适当位置释放鼠标，则在拖动位置添加了一个拐点。图3-47所示是添加拐点的过程。

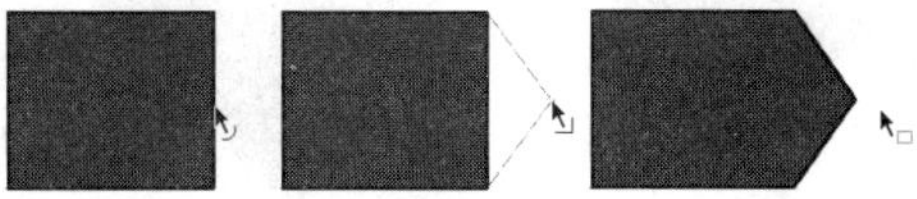

图3-47

（7）复制对象：使用【选择工具】可以直接在舞台上复制对象，方法是先选中需要复制的对象，然后按Ctrl键或Alt键拖动对象至其他位置，释放鼠标，则复制了一个新的对象。

（8）裁剪对象：利用框选对象时，可以只选对象的一部分，可对其进行移动、删除等修改。要想删除选中的部分，只需按键盘上的Delete键即可。

总之，【选择工具】的功能非常多，在Flash的创作中，几乎一刻都离不开它，需要在制作中慢慢去体会。

3.5.2 部分选取工具

【部分选取工具】的主要作用是可以移动和修改所选中的对象。其功能及应用归结为以下几点。

（1）选择对象：单击工具箱中的【部分选取工具】 ，在舞台上单击对象的边缘，或框选一个或多个对象，则对象被选中，选中的对象边缘出现很多绿色的路径点，如图3-48所示。选取多个对象时可以按住Shift键进行复选。

（2）选择对象的路径点：单击某一个路径点；或框选几个路径点；或按住Shift键进行单击或框选路径点，选中的路径点由空心变为绿色的实心小方块。图3-49所示右边的3个点被选中。可对选中的点进行移动或删除。

图3-48

图3-49

（3）移动对象：利用【部分选取工具】选中对象后，将鼠标光标移到两个路径点之间的线段上，光标变为 时，按下鼠标左键拖动，可以移动选中的对象。

（4）移动对象的路径点：当光标移到路径点上时，光标变为 ，按下鼠标左键拖动，可以移动选中的路径点，从而改变对象的形状。图3-50所示为移动路径点的全过程。也可以对选中的多个路径点同时进行移动。

图3-50

（5）调整路径点的曲率：对于曲线路径上的路径点，当路径点被选中时其两侧会出现两个绿色的控制手柄，用于调整该点处的曲线曲率。图3-51所示，拖动控制手柄可以改变曲线的曲率。

图3-51

（6）删除路径点：利用【部分选取工具】选中对象的路径点后，按Delete键即可删除当前选中的路径点。

3.5.3 套索工具

【套索工具】是Flash中的又一选择工具，它主要用于成组选择不规则形状的区域、分离位图、选择直线或形状的一部分。

单击工具箱中的【套索工具】 🔎，将
鼠标移到舞台上，光标变为 🔎，按住鼠标
左键拖动，把想要选择的对象圈起来，如
图3-52所示，释放鼠标左键，则圈内的对
象被选择。

图3-52

单击【套索工具】
后，在其选项区出现3个
选项，如图3-53所示。

图3-53

【魔术棒】 📷 选项：主要用于对分离
位图的区域选择上。具体应用步骤见实例
exe3-2。

【魔术棒设置】 🪄 选项：单击 🪄，弹出
参数设置窗口，如图3-54所示，用于设置选
择区域的颜色范围和边缘的平滑程度。

图3-54

【多边形模式】 🏳 选项：用多边形的
方式圈选对象。如图3-55所示。要想结束
圈选，只需双击即可。

图3-55

 通过绘制一条卡通热带鱼来练习Flash
CS4工具箱中绘图工具的应用步骤。
实例文件：exe3-4.fla

（1）启动Flash，新建一个文件，另存
为exe3-4.fla。

（2）在工具箱中单击【钢笔工具】
📐，在舞台中央绘制鱼身体的轮廓线，如
图3-56所示。

（3）利用【选择工具】 ▶ 调整所绘路径
的曲率，使直线变为曲线，如图3-57所示。

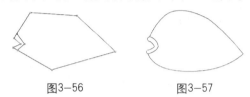

图3-56　　　　　图3-57

（4）利用【线条工具】 ＼ 绘出鱼鳍和
鱼尾的轮廓线，如图3-58所示。

（5）再次利用【选择工具】调整所绘
路径的曲率，使直线变为曲线，如图3-59
所示。

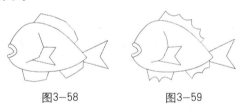

图3-58　　　　　图3-59

（6）单击【椭圆工具】 ◯，在属性
面板上将填充色设为无色 🎨，按住Shift
键在鱼的头部画出两个同心圆，作为鱼的
眼睛，如图3-60所示。

（7）利用【铅笔工具】 ✐ 绘出鱼身、
鱼鳍、鱼尾等处的纹理，如图3-61所示。

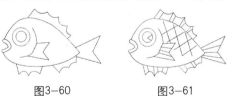

图3-60　　　　　图3-61

（8）利用【颜料桶工具】 🪣 对鱼的
各个部位进行填充颜色，对于这一步也可

以放到下一章学完后再完成。完成效果如图3-62所示。

图3-62

（9）保存文件exe3-4.fla。

本章小结

本章重点讲述了Flash中的基本绘图和编辑功能，是制作Flash作品的基本知识。必须掌握的知识点有以下几项。

①基本绘图工具的应用：【矩形工具】、【基本矩形工具】、【椭圆工具】、【基本椭圆工具】、【多角星形工具】。

②路径绘制工具的应用：【线条工具】、【钢笔工具】、【铅笔工具】。

③对象选择工具的应用：【选择工具】、【部分选取工具】、【套索工具】。

④【转换位图为矢量图】命令也经常用到。这些工具必须熟练掌握，多动手作，在应用中记忆，切忌死记硬背。

习　题

1.选择填空题

（1）在下面的工具中，不属于路径绘制工具的有（　　　）。

A.【椭圆工具】　　B.【铅笔工具】

C.【钢笔工具】　　D.【线条工具】

（2）分别为下面的工具填上正确的快捷键。

【矩形工具】　　　（　　　）

【椭圆工具】　　　（　　　）

【线条工具】　　　（　　　）

【钢笔工具】　　　（　　　）

【铅笔工具】　　　（　　　）

【选择工具】　　　（　　　）

【部分选取工具】　（　　　）

【套索工具】　　　（　　　）

【基本矩形工具】　（　　　）

【基本椭圆工具】　（　　　）

2.简答题

（1）请说出位图与矢量图的区别。

（2）请问【选择工具】和【部分选择工具】的区别是什么？

（3）请问【矩形工具】和【基本矩形工具】的区别是什么？

（4）Flash中许多工具的选项区中都有【紧贴至对象】选项，它的作用是什么？

（5）Flash的绘制工具中都有【对象绘制】选项，它的作用是什么？

3.动手做

（1）利用本章学习的基本绘图和编辑工具，绘制一幅线条风景画。

（2）将数码照相机拍的照片导入到Flash文件中，并将其转换为矢量图。

（3）分别只利用【线条工具】和【选择工具】，【钢笔工具】和【部分选取工具】，【铅笔工具】和【选择工具】绘制相同的一朵桃花，体会3种绘制路径工具的不同，但又能殊途同归。

第4章 Flash的颜色编辑

本章要点

1. 颜色的选取方法渐变。

2. 颜色的编辑管理方法。

3. 渐变颜色的设置与调整方法。

4. 颜色的填充方法。

4.1 颜色的选取方法

在对所绘制的图形进行颜色填充前，首先必须知道怎样选取颜色。选取颜色的方法有许多种，常用的有使用调色板、【滴管工具】、【混色器】面板等。

4.1.1 使用调色板选取颜色

在Flash CS4中，颜色的选取最常用的方法就是通过调色板，能够进到调色板的途径有多种：①单击工具箱颜色区中的填充和笔触颜色块，如图4-1所示；②单击绘图工具的属性检查器面板上的填充和笔触颜色钮，如图4-2所示；③单击属性检查器面板最下面的舞台【背景颜色】按钮等，都可以进到调色板，图4-3所示为Flash的默认调色板。

图4-1

图4-2

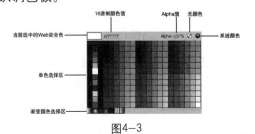

图4-3

调色板中各项参数的含义如下。

【Web安全色】：是指无论用户使用何种计算机平台和Web浏览器平台，其显示的颜色都相同。Flash的默认调色板为Web 216色调色板。也就是说，使用这些颜色做成的Flash作品在各种平台上传播是安全的。

【16进制颜色值】：Flash中的所有颜色都可以用16进制的符号表示。如白色可表示为#FFFFFF，红色表示为#FF0000，蓝色表示为#0000FF……

【Alpha值】：用于定义颜色的透明度，100%表示该种颜色不透明；0%表示该颜色为全透明，不可见。数值越小透明度就越大。

【无颜色】按钮：单击该按钮，则删除所有笔触或填充。如果将笔触颜色设为【无颜色】，则所绘制的图形没有边线，如将填充色设为【无颜色】，则所绘制的图形只有线框没有填充。图4-4所示为利用【无颜色】的绘图效果比较。

笔触颜色=黑色　　笔触颜色=无色　　笔触颜色=黑色
填充色=蓝色　　　填充色=蓝色　　　填充色=无色

图4-4

【系统颜色】按钮 ⚫：单击该按钮，弹出Windows系统自带的系统调色板，如图4-5，使用该调色板可以调出更多的颜色。

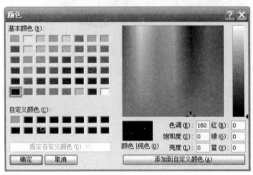

图4-5

4.1.2 使用【滴管工具】选取颜色

【滴管工具】🖊可以从一个对象复制填充或笔触的属性，然后将它们应用到其他对象。具体应用步骤如下。

（1）选择【滴管工具】，在舞台上单击将要复制的对象的笔触或填充区域。当单击一个笔触时，该工具自动变成墨水瓶工具。当单击已填充的区域时，该工具自动变成颜料桶工具，并且打开"锁定填充"功能键。

（2）单击其他笔触或已填充区域以应用新属性。

滴管工具还允许从分离位图图像取样用作填充。

4.1.3 使用【混色器】面板选取颜色

【混色器】面板是Flash中选取颜色的又一主要途径，是自定义颜色的主要工具。

单击主菜单上的【窗口】|【颜色】命令，或按Shift+F9快捷键，弹出【混色器】面板，如图4-6所示。

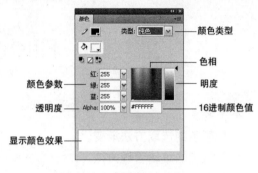

图4-6

单击右上角的 ▤ 按钮，从弹出的菜单中可选择颜色的显示方式，如图4-7所示，在Flash中有两种显示方式：RGB和HSB。RGB色彩体系是指以红（Red）、绿（Green）、蓝（Blue）3种颜色为基本色的一种体系。每一种颜色值是从0～255的一个整数，不同数值叠加会产生出不同的颜色，如图4-6所示。HSB色彩体系是指以色相（Hue）、饱和度（Sat）、亮度（Bright）为颜色基本属性的一种体系。每个值以百分数来表示，如图4-7所示。

图4-7

单击面板上的【类型】按钮，弹出【颜色】类型选项菜单，如图4-8所示。其中各种类型的含义如下。

图4-8

【无】无颜色：即删除所有笔触或填充。

【纯色】：设定纯色的方法有3种，一是直接在颜色选择器中选取颜色；二是在【红】、【绿】、【蓝】文本框中输入颜色值；三是在【颜色值】文本框中输入十六进制颜色值。

【线性】和【放射状】：为渐变颜色的设定，在后一节中详述。

【位图】：可以用位图作为笔触色或填充色，方法是单击【位图】，从弹出的【导入到库】对话框中选择位图并导入，如图4-9所示。也可以直接单击面板上的【导入】按钮导入位图，如图4-10所示。图4-11所示是利用该方法绘制的图形效果。

图4-9

图4-10

图4-11

在【混色器】面板中还可以设定颜色的Alpha值，在面板的下方显示颜色的透明效果。

4.2　颜色的填充方法

颜色选取后，就可以利用下面的填充方法对所绘制的图形进行填充。

4.2.1　使用【颜料桶工具】

【颜料桶工具】用于填充所绘制的封闭区域或修改矢量色块的颜色。

单击工具面板上的【颜料桶工具】，可通过属性面板上的或颜色区中的定义颜料桶的填充色。在选项区中出现两个选项，如图4-12所示。

空隙大小 ——
锁定填充 ——

图4-12

单击【空隙大小】选项，弹出列表如图4-13所示，在填充时，有时所要填充的区域是不封闭的，则可以根据所要忽略的空隙大小从列表中选择相应的选项进行填充。图4-14所示是几个填充示例。

图4-13

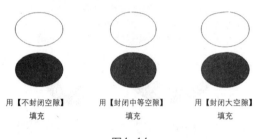

用【不封闭空隙】 用【封闭中等空隙】 用【封闭大空隙】
填充   填充   填充

图4-14

【锁定填充】选项，当使用渐变色填充时，单击该选项可以锁定上一笔触的颜色变化规律，用于该填充的颜色变化。

4.2.2　使用【墨水瓶工具】

【墨水瓶工具】用于修改路径的颜色、粗细、线条类型等，也可以对已绘图形添加或修改轮廓线。

单击工具面板上的【颜料桶工具】，并稍作停留，从弹出的菜单中选择【墨水瓶工具】，如图4-15所示。

图4-15

在属性检查器上显示【墨水瓶工具】的属性，如图4-16所示，其中的参数意义与第3章【线条工具】的一样，不再赘述。

图4-16

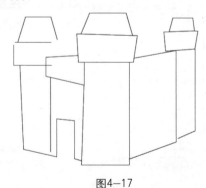

利用学过的绘图工具和颜色工具，绘制一座美丽的卡通城堡，练习颜色的选取方法及【颜料桶工具】和【墨水瓶工具】的应用步骤和运用技巧。

实例文件：exe4-1.fla

（1）启动Flash，新建一个文件，使用默认设置，另存为exe4-1.fla。

（2）首先利用工具箱中的【线条工具】勾画出城堡的大体轮廓，如图4-17所示。对于绘画能力比较强的用户，也可以直接利用【铅笔工具】或【钢笔工具】进行绘制。

图4-17

（3）利用工具箱中的【选择工具】进行修改调整，并继续添加一些主要的轮廓

线，如图4-18所示。

注意，这儿要打开选项区中的【紧贴至对象】选项，便于使接合点闭合，有利于后面的颜色填充。

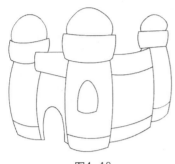

图4-18

（4）继续利用【线条工具】、【铅笔工具】、【选择工具】添加细节，最终轮廓效果如图4-19所示。下面就利用学过的颜色工具对其进行填充颜色。

图4-19

（5）在工具箱中选择【颜料桶工具】，在属性检查器中单击【填充颜色】按钮，从弹出的【调色板】中选择一种橘黄色。

（6）在舞台上单击城堡的主要墙面进行填充。如图4-20所示。

（7）按Shift+F9键打开【混色器】面板，在16进制颜色值文本框中输入填充色

的颜色值为#FFFC00，即一种亮黄色。然后在舞台上填充城堡的墙头部分。

图4-20

（8）在【混色器】面板中单击【填充颜色】按钮，从弹出的【调色板】中选择一种暗红色，在舞台上填充城堡的砖墙部分。同样的办法选择一种纯红色，填充城堡上面的圆顶，选择一种淡黄色填充墙壁上的花纹，如图4-21所示。

图4-21

（9）单击工具箱中【滴管工具】，在舞台上单击城堡上的圆顶，则填充颜色变为红色，利用【颜料桶工具】填充窗子。

（10）再次单击【填充颜色】按钮，从弹出的【调色板】中选择一种湖蓝色填充窗台、窗框、墙头上的小孔和圆顶上的避雷针。效果如图4-22所示。

（11）发现墙面上的花纹太突出，利

用【选择工具】选择花纹的边线，并单击Delete键删除。

图4-22

（12）发现所有的笔触都一样粗细，让城堡的底部边线粗一些，可以增强稳重感，可以单击工具箱中的【墨水瓶工具】，在【属性检查器】中设置【笔触】值为2，然后在舞台上逐段单击底部的边线，则单击的边线变粗。最终完成效果如图4-23所示。

（13）保存文件至"exe4-1.fla"。

图4-23

4.2.3 使用【刷子工具】

【刷子工具】既可以看成是一种颜色填充工具，也可以看成是一个绘图工具。它既可以对任意区域进行手动填充，也可以利用

它随心所欲地绘出具有笔触感的图形。

单击工具面板上的【刷子工具】，在属性检查器上显示两个属性，一个是定义填充色的，另一个是设置刷子绘出线条的平滑度。如图4-24所示。

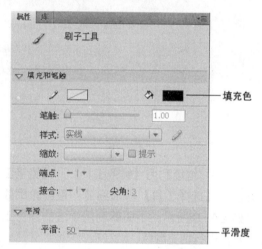

图4-24

在选项区显示有5个选项，如图4-25所示。其各个选项的含义如下。

【对象绘制】：绘出的图形自动组合成对象，不能进行编辑，要想编辑修改，需按Ctrl+B组合键将其打散。

【锁定填充】：当使用渐变色填充时，单击该选项可以锁定上一笔触的颜色变化规律，用于该填充的颜色变化。

【刷子模式】：单击◎按钮显示【刷子模式】列表，如图4-26所示。各个模式的含义如下。

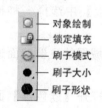

图4-25

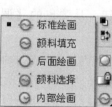

图4-26

标准绘画：新绘制的线条完全覆盖同一层中原有的可编辑图形。

颜料填充：新绘制的线条只覆盖同一层中原有可编辑图形的色块部分，对边缘路径没有影响。

后面绘画：新绘制出来的图形在同一层中原有图形的后面，对原有图形没有任何影响。

颜料选择：只能在已经选择的区域上绘制图形，也就是说，必须先选择一个区域，才能在被选择的区域上绘图。

内部绘画：只能在起始点所在的封闭区域中绘制图形。如果起始点在舞台的空白区域，则只能在空白区域中绘画；如果起始点在一个图形的内部，则只能在该图形的内部绘画。

【刷子大小】：单击 按钮显示有8种笔刷的大小可供选择，如图4-27所示。

【刷子形状】：单击 按钮显示有9种刷子的形状可供选择，如图4-28所示。

图4-27

图4-28

 利用【刷子工具】绘制一棵笔触感比较明显的水粉效果的大树，练习【刷子工具】的应用步骤和运用技巧。

实例文件：exe4-2.fla

（1）启动Flash，新建一个文件，使用默认设置，另存为exe4-2.fla。

（2）单击工具箱中的【刷子工具】，在选项区中设置【刷子模式】为标准绘画；【刷子大小】为5号笔；【刷子形状】为4号方块笔。

（3）按Shift+F9快捷键打开【混色器】面板，设置填充颜色为＃AFBF4C，作为树的底色。

（4）在舞台上绘出树的大体轮廓，如图4-29所示。

图4-29

（5）在【混色器】面板中，分别设置填充颜色为＃1D1B03，＃808C0F，两种较深的颜色作为树冠的暗部颜色，在舞台上根据树冠的大体走向绘出暗部，如图4-30所示。

图4-30

（6）在【混色器】面板中，设置填充颜色为＃679B2D，一种深绿色；为了增强树冠的笔触感，不断变换笔刷的大小和形状，单击或拖曳鼠标，给树冠添加颜色，如图4-31所示。

图4-31

（7）利用相同的方法，逐渐增添一些浅、亮的颜色，使树冠看上去像是秋天的树叶。再在【混色器】面板中调一些深的颜色，填充树干，最终效果如图4-32所示。看一看是否很像水粉的效果。

图4-32

（8）保存文件。

  利用Flash的绘图工具，可以绘出许多艺术形式的画面，如水粉画、中国画、剪纸画、皮影画等，并可以做成动画，极大地丰富了Flash作品的创作空间。

4.2.4 使用【喷涂刷工具】

【喷涂刷工具】是Flash CS4的新增功能，以喷雾的形式喷画图案、填充图形。可以很方便地绘出漂亮的边框、绚丽的背景等。

单击工具面板上的【刷子工具】并

稍作停留，从弹出的菜单中选择【喷涂刷工具】，如图4-33所示。

图4-33

单击【喷涂刷工具】，在属性检查器上显示它的参数属性，图4-34所示为默认粒子时的面板。默认的粒子形状为小圆点颗粒。

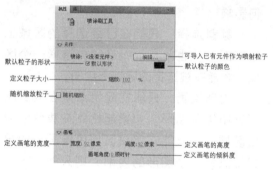

图4-34

添加喷射粒子的具体操作步骤如下。

（1）单击【喷涂刷工具】属性面板上的【编辑】按钮，弹出【交换元件】选择窗口，如图4-35所示，从中可选择一个已经存在的"元件1"作为喷射粒子（"元件"的概念在后面的章节中介绍，这里只记住它是一个已经绘制好的图形单元）。

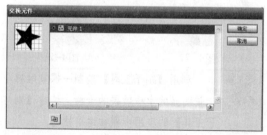

图4-35

（2）单击【确定】按钮，在属性检查器上显示以"元件1"为粒子的参数属性，如图4-36所示。设置完参数后就可以在舞台上喷画了。

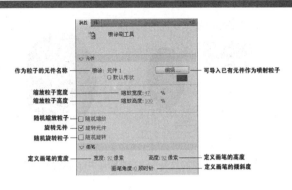

图4-36

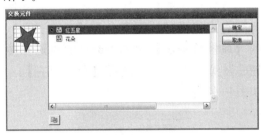

利用【喷涂刷工具】绘制不同的边框，练习【喷涂刷工具】的应用步骤和运用技巧。

实例文件：exe4-3.fla

（1）启动Flash，从配书素材\第4章下打开文件exe4-3.fla。文件的【库】中含有两个图形元件："红五星"和"花朵"。

（2）单击工具箱中的【喷涂刷工具】，在【属性检查器】中单击【编辑】按钮，打开【交换元件】对话框，从中选择已经存在的元件"红五星"，如图4-37所示。

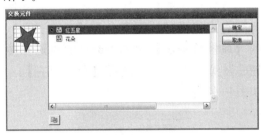

图4-37

（3）单击【确定】按钮，回到【属性检查器】中，设置【缩放宽度】和【缩放高度】均为42，使喷出的粒子小一些。在【画笔】项下设置【宽度】和【高度】均为81，定义画笔的大小。其他3个选项均选择，如图4-38所示。

（4）将鼠标放在舞台上，这时鼠标变为 ，根据自己的需要拖动鼠标，绘出边框，如图4-39所示。将文件另存为exe4-3-1.fla。

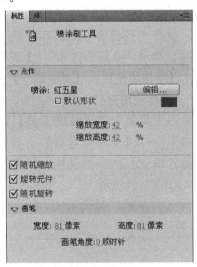

图4-38

图4-39

（5）利用相同的方法，可以将【库】中的元件"花朵"设为粒子，喷绘出图4-40所示的花环。可以自己练习一下。

图4-40

（6）将文件另存为exe4-3-2.fla。

4.2.5　使用【装饰工具】

【装饰工具】（有的翻译成【Deco工具】）也是Flash CS4的新增功能，用于绘制、填充一些装饰性的图案，还可以做成动画。共有3种装饰效果：【藤蔓式填充】、【网格填充】、【对称刷子】。

1. 藤蔓式填充

单击工具箱上的【装饰工具】 ，默认状态下，在【属性检查器】上显示的是【藤蔓式填充】的参数属性，其各项参数的含义如图4-41所示。

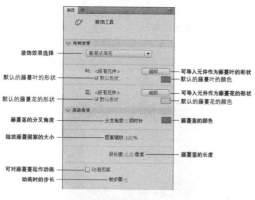

图4-41

在舞台上任意区域单击，则藤蔓就会自动蔓延。藤蔓只能在单击点所在的封闭区域中蔓延。如果单击点在舞台的空白区域，则蔓延的枝叶碰到舞台的边缘或其他图形的边缘时会自动停止；如果单击点在一个图形的内部，则只在该图形的内部蔓延。图4-42所示是【藤蔓式填充】在默认状态下的几种蔓延效果。

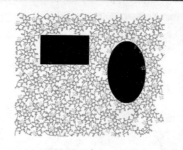

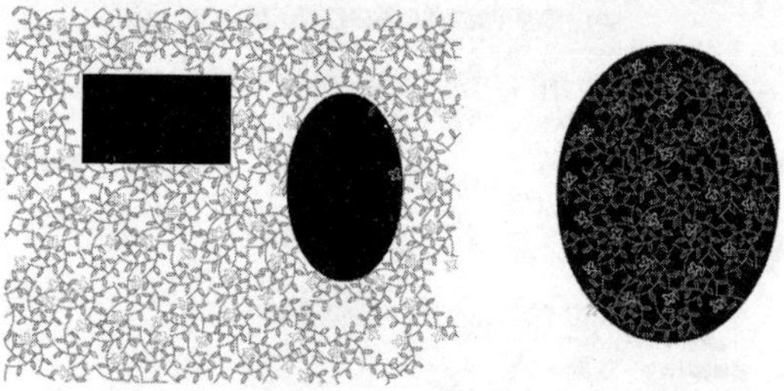

在舞台空白处点击的效果　　在图形内部点击的效果

图4-42

当藤蔓正在蔓延时，单击，则蔓延停止。

【藤蔓式填充】的过程还可以做成动画，具体操作步骤如下。

（1）选择【属性检查器】下面的【动画图案】选项；【帧步骤】用来设置动画的步长，值越大则蔓延的速度就越快。

（2）在舞台上单击，这时随着藤蔓的蔓延，在时间轴上自动逐帧生成关键帧。再次单击，蔓延停止。

（3）按Ctrl+Enter快捷键浏览动画，一段藤蔓蔓延的动画完成。

2. 网格填充

【网格填充】可以制作出填充粒子按行列有规律排列的图案。在【装饰工具】的【属性检查器】中单击装饰效果选择按钮，从弹出的列表中选择【网格填充】，如图4-43所示。

图4-43

【属性检查器】面板中显示【网格填充】的各项属性，如图4-44所示。

【藤蔓式填充】的一些特性同样也适用于【网格填充】，只是【网格填充】不能作动画。

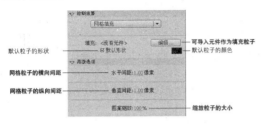

图4-44

图4-45所示是利用【网格填充】绘制的几种网格效果。

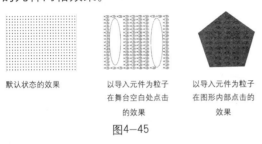

图4-45

3.对称刷子

【对称刷子】用于绘制对称图案。单击【属性检查器】面板上的装饰效果选择按钮，从弹出的列表中选择【对称刷子】，【属性检查器】面板变为图4-46所示。

图4-46

【对称刷子】可以绘出轴对称图形、点对称图形、以圆点为中心的旋转对称图形和网格状的对称图形，图4-47所示为几种绘出的对称效果图及各项图标的含义。（注意，在这儿都关闭了碰撞测试按钮【测试冲突】，打开会有什么变化，试一下。）

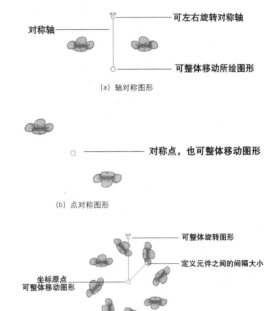

（a）轴对称图形

（b）点对称图形

（c）原点旋转对称图形

（d）网络壮对称图形

图4-47

利用所学绘画和填充知识，绘制一组古代的屏风，练习【装饰工具】的应用步骤和运用技巧。
实例文件：exe4-4.fla

（1）启动Flash，从配书素材\第4章下打开文件exe4-4.fla。文件的【库】中含有两个图形元件："格子"和"花朵"。

（2）使用【线条工具】在舞台中绘制一组屏风，如图4-48所示。

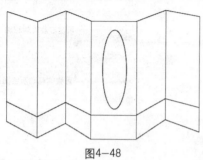

图4-48

（3）单击工具箱中的【装饰工具】，使用默认的【藤蔓式填充】，在【属性检查器】中设置【图案缩放】为60%。

（4）在舞台中的3块屏风玻璃上单击，则装饰图案填充了3块玻璃。如图4-49所示。

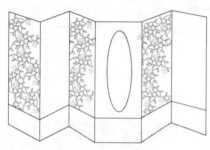

图4-49

（5）在【属性检查器】中单击蔓藤叶的【编辑】按钮，从弹出的【交换元件】窗口中选择元件"花朵"，如图4-50所示，单击【确定】按钮。

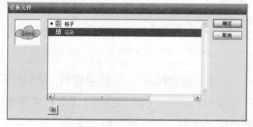

图4-50

（6）在舞台中的另两块屏风玻璃上单击，效果如图4-51所示。

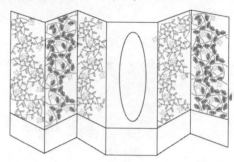

图4-51

（7）利用【颜料桶工具】在中间那块屏风上填充颜色，椭圆内填充一种玻璃颜色。然后利用【藤蔓式填充】多次单击椭圆的外围，直到填充均匀为止。如图4-52所示。

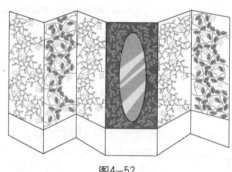

图4-52

（8）利用【颜料桶工具】将屏风下面的部分填充一种暗红色。

（9）单击【属性检查器】中的装饰效果选择按钮，从中选择【网格填充】，单击【编辑】按钮，从弹出的【交换元件】窗口中选择元件"格子"，单击【确定】按钮。

（10）设置【水平间距】和【垂直间距】均为0像素，【图案缩放】为50%。如图4-53所示。

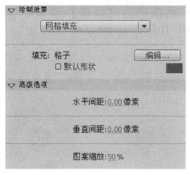

图4-53

（11）在中间屏风下面的色块中单击，效果如图4-54所示。

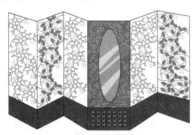

图4-54

（12）由于其他色块均不是长方形，如果直接利用【网格填充】无法完整填充，可以通过选择上一步中填充的网格，然后按Ctrl+D快捷键复制，并利用【任意变形工具】将其填充到其他色块中，最终完成的效果如图4-55所示。

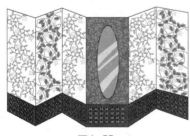

图4-55

（13）怎么样？是不是很漂亮？将文件另存为exe4-4-1.fla。

4.3 渐变颜色的设置与调整

在Flash中不仅可以设定单一的颜色作为填充色，也可以设定渐变颜色。所谓的渐变颜色就是从一种颜色过渡到另一种颜色的过程。利用渐变颜色进行填充可以绘制更加立体、更加丰富的图形效果。

4.3.1 渐变颜色的设置

在菜单栏中打开【窗口】｜【颜色】，或按Shift+F9快捷键打开混色器面板，单击面板上的【类型】按钮，弹出颜色类型菜单，共有两种渐变颜色类型：线性和放射状，如图4-56所示。从中选择【线性】则显示线性渐变颜色的设置面板，如图4-57所示。

图4-56   图4-57

在面板的下方有一个渐变颜色条，其左侧有一个开始位置按钮📁，用于定义渐变颜色的开始位置及该位置的颜色。单击该按钮变为📁，表明该按钮被选中，左右拖动可定义开始颜色的位置，双击该按钮，弹出一个颜色选择器，如图4-58所示，从中可以设置开始颜色。也可以选中开始位置按钮，通过上面的各种调色功能定义颜色。另外，还可以定义该处的Alpha值。

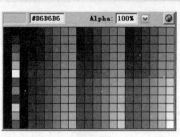

图4-58

在渐变颜色条的右侧有一个按钮，用于定义渐变颜色的另一种颜色的位置和颜色值，设定方法同上。当把鼠标放到渐变颜色条上，鼠标变为时单击，则在渐变颜色条上添加了一个颜色按钮，用同样的方法可以调整其位置和颜色。如果这个颜色按钮不想要了，可以将鼠标放在颜色按钮上向下拖，则该颜色按钮被删除。用相同的方法可以任意添加、删除和编辑颜色按钮，直到得到自己想要的渐变颜色效果。图4-59所示为设置的一个渐变颜色，其绘制效果如图4-60所示。

图4-59

图4-60

从面板中的【类型】菜单中选择【放射状】，其设置和调整方法完全与【线性】一样，这儿就不再赘述了。图4-61所示为两种放射状渐变颜色的填充效果。

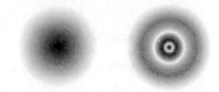

图4-61

4.3.2　使用【渐变变形工具】

单击工具栏中的【任意变形工具】并在上稍作停留，从弹出的菜单中选择【渐变变形工具】或直接按快捷键F。如图4-62所示。

图4-62

【渐变变形工具】用于调整利用渐变颜色和位图进行填充的图形内容，可对填充内容的尺寸、角度、中心点进行调整。由于填充内容不同，相应的调整方法也不同，下面就通过3个实例介绍3种不同的调整方法。

 练习【线性渐变颜色】的应用方法及利用【渐变变形工具】对【线性渐变颜色】的调整步骤如下。
实例文件：exe4-5.fla

（1）启动Flash，新建一个文件，另存为exe4-5.fla。

（2）利用【线条工具】在舞台中央绘制一个三角形，如图4-63所示。

图4-63

（3）按Shift+F9快捷键弹出混色器面板，从【类型】中选择【线性】并在面板下方的渐变颜色条上添加和调整颜色按钮。如图4-64所示，设置两侧的颜色按钮的Alpha值为0，即两边为全透明。

图4-64

（4）选择工具栏中的【颜料桶工具】，或按快捷键K。将鼠标移到舞台中所绘的三角形中平行拖拉一下，则三角形的线性渐变颜色的填充效果如图4-65所示。下面利用【渐变变形工具】将填充颜色进行调整。

图4-65

（5）选择工具栏中的【渐变变形工具】，或按快捷键F。将鼠标移到舞台

中，单击三角形中的线性渐变颜色，则在其周围出现了几个控制柄，其功能如图4-66所示。

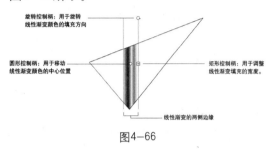

图4-66

（6）将鼠标放到【旋转控制柄】上，则鼠标变为，左右拖动可以旋转线性渐变颜色的填充方向，如图4-67所示。

（7）将鼠标放到【矩形控制柄】上，鼠标变为，左右拖动可以定义线性渐变颜色的填充宽度，如图4-68所示。

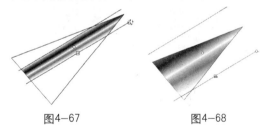

图4-67　　　　　图4-68

（8）将鼠标放到【圆形控制柄】上，鼠标变为，左右拖动可定义线性渐变颜色的中心位置，如图4-69所示。

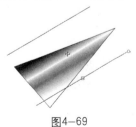

图4-69

（9）保存文件exe4-5.fla。

利用这种办法可以绘出聚光灯、金属等效果。

练习【放射状渐变颜色】的应用方法及利用【渐变变形工具】对【放射状渐变颜色】的调整步骤如下。

实例文件：exe4—6.fla

（1）启动Flash，新建一个文件exe4—6.fla。

（2）按Shift+F9快捷键弹出混色器面板，从【类型】中选择【放射状】并在面板下方的渐变颜色条上添加和调整颜色按钮。如图4—70所示。

（3）利用工具栏中的【椭圆工具】在舞台中央绘出一个用放射状渐变颜色填充的圆，如图4—71所示。

图4—70　　　　图4—71

（4）选择工具栏中的【渐变变形工具】，或按快捷键F。将鼠标移到舞台中，单击圆形内的放射状渐变颜色，则在其周围出现了几个控制柄，其功能如图4—72所示。

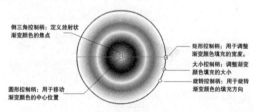

图4—72

（5）将鼠标放到【倒三角控制柄】上，则鼠标变为 ，左右拖动可移动放射状渐变的焦点，如图4—73所示。

（6）将鼠标放到【大小控制柄】上，则鼠标变为 ，拖动它可以缩放放射状渐变颜色的大小，如图4—74所示。

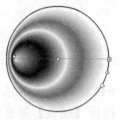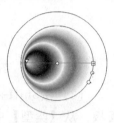

图4—73　　　　图4—74

（7）【矩形控制柄】、【旋转控制柄】、【圆形控制柄】的功能和用法都与上一个实例中对【线性渐变颜色】的调整是一样的，不妨自己试一下。

练习【位图填充】的应用方法及利用【渐变变形工具】对【位图填充】的调整步骤如下。

实例文件：exe4—7.fla

（1）启动Flash，新建一个文件exe4—7.fla。

（2）按Shift+F9快捷键，弹出混色器面板，从【类型】中选择【位图】，单击按钮【导入】，从打开的文件夹中选择用于填充的位图文件。如图4—75所示。

图4—75

单击【打开】按钮，则选中的文件导入到库中，也可以同时导入多个文件，导入的位图文件都在混色器面板的下方显示，如图4-76所示。

（3）利用工具栏中的【椭圆工具】在舞台中央绘出一个用位图填充的圆，如图4-77所示。

图4-76　　　　图4-77

（4）选择工具栏中的【渐变变形工具】，或按快捷键F。将鼠标移到舞台中，单击圆形内的位图填充，则在其周围出现了几个控制柄，其功能如图4-78所示。

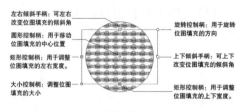

图4-78

（5）将鼠标放在右侧的【上下倾斜手柄】上，鼠标变为，上下拖动鼠标，则填充的位图发生了上下倾斜变形，如图4-79所示。

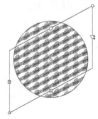

图4-79

（6）其他控制手柄的作用和用法在上两个实例中都有介绍，这儿不再赘述，自己练习一下好了。

4.4　颜色的编辑与管理

在Flash的颜色编辑过程中，还有许多有用的方法和工具，这儿再介绍几种实用的技巧。

4.4.1　颜色的查找与替换

在Flash中也可以像文本编辑软件中查找和替换文本一样查找和替换颜色，这种方法尤其对比较大型的场景进行修改时十分有用。下面通过实例来介绍这种方法。

动手做　　练习颜色的【查找和替换】的应用方法和步骤如下。

（1）启动Flash，新建一个文件。

（2）在舞台中任意绘出几个图形，颜色均为绿色，如图4-80所示。

图4-80

（3）单击菜单栏中【编辑】|【查找和替换】或按Ctrl+F快捷键，打开【查找和替换】窗口，如图4-81所示。

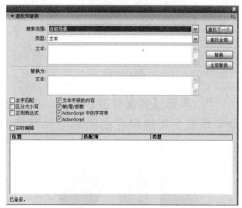

图4-81

（4）单击窗口中的【类型】，从下拉列表中选择【颜色】，则窗口变为图4-82所示。

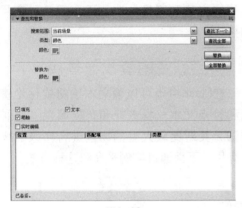

图4-82

（5）单击窗口中上面的【颜色】按钮，鼠标变为【滴管工具】 ，单击舞台中要查找和替换的颜色，这儿单击图形中的绿色。单击【替换为】下的【颜色】按钮，从弹出的颜色选取面板中选择红色，如图4-83所示。

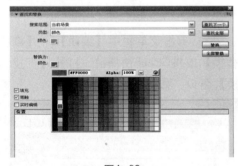

图4-83

（6）单击【全部替换】按钮，则舞台中所有填充为所选绿色的图形全部替换成红色。如图4-84所示。

图4-84

充电站

【查找和替换】不仅可以对颜色进行查找和替换，而且还可以对文本、字体、元件、声音、视频和位图进行查找和替换，这可从【查找和替换】窗口中的【类型】中选择，如图4-85所示。搜索范围可以是当前场景，也可以是整个文件，这可从窗口中的【搜索范围】项中选择，如图4-86所示。

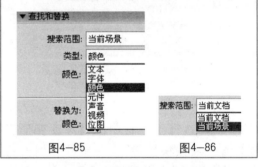

图4-85　　　　　图4-86

4.4.2　使用【橡皮擦工具】

【橡皮擦工具】是Flash中常用的编辑修改工具，能像橡皮一样擦除舞台中绘制的图形。

单击工具面板中的【橡皮擦工具】 ，在选项区出现了3个选项来定义擦除的方式，如图4-87所示。

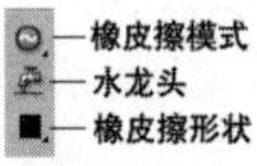

—橡皮擦模式
—水龙头
—橡皮擦形状

图4-87

单击【橡皮擦模式】 ，弹出模式选项列表，如图4-88所示。

图4-88

其中各选项的含义如下。
标准擦除：擦除线条和填充色。

擦除填色：只擦除填充色。

擦除线条：只擦除线条。

擦除所选填充：只对所选择的色块进行擦除。

内部擦除：只擦除鼠标拖动开始时所处的图形内部填充色。

【水龙头】选项：可以同时删除鼠标单击的色块。

单击【橡皮擦形状】，弹出形状选项列表，如图4-89所示，从中可以选择橡皮擦的形状。

图4-89

4.4.3 使用【颜色样本】面板管理颜色

【颜色样本】面板的作用是保存和管理Flash文件中的颜色。

单击【窗口】|【样本】或按Ctrl+F9快捷键，弹出颜色【样本】面板，如图4-90所示。

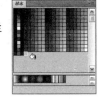

图4-90

1. 向颜色【样本】面板中添加颜色

向颜色【样本】面板中添加自定义的颜色的步骤如下。

（1）单击工具栏下方的【填充颜色】按钮，定义一种颜色。

（2）将鼠标移到颜色【样本】面板的灰色空白区，这时鼠标变为，如图4-91所示，单击即可将自定义的颜色添加在该区域。

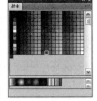

图4-91

2. 从颜色【样本】面板中删除颜色

从颜色【样本】面板中删除已经添加的颜色的方法是按住Ctrl键，将鼠标移到要删除的颜色上，当鼠标变为时单击，则该颜色被删除，如图4-92所示。

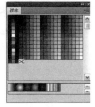

图4-92

3. 保存颜色样本

有时候需要把自定义的颜色样本保存起来，以便以后使用，保存的步骤如下。

（1）单击颜色【样本】面板右上角的按钮，弹出颜色样本的管理菜单，如图4-93所示。

图4-93

（2）选择【保存颜色】选项，弹出【导出色样】对话框，如图4-94所示，在下面的文件名处输入要保存的文件名，此处输入mycolor，单击【保存】按钮，则自定义的颜色就保存在mycolor.clr文件中了。

图4-94

（3）当下次需要用到上面保存的颜色时，从上面的管理菜单中选择【替换颜色】，从弹出的【导出色样】对话框中选择文件mycolor.clr，如图4-95所示，单击【打开】按钮，则以前保存的颜色出现在颜色【样本】面板中。

图4-95

使用颜色【样本】面板的管理菜单，还可以进行复制样本、删除样本、加载默认颜色、颜色排序等操作。

本章小结

本章重点讲述了Flash中的颜色选取、填充和编辑功能，是制作Flash作品的必备知识。必须掌握的知识点如下。（1）颜色的选取工具：调色板、【滴管工具】、【混色器】面板；（2）颜色的填充工具：【颜料桶工具】、【墨水瓶工具】、【刷子工具】、【喷涂刷工具】、【装饰工具】、渐变颜色的设置与应用、【渐变变形工具】；（3）颜色的编辑管理工具：【橡皮擦工具】、【颜色样本】面板。要想熟练掌握这些工具，最重要的是多动手。

习 题

1.选择填空题

（1）下列工具属于颜色选取工具的有（　　），属于颜色填充工具的有（　　）。

A.【颜料桶工具】　B.【滴管工具】

C.【刷子工具】　　D.【橡皮擦工具】

（2）分别为下面的工具填上正确的快捷键：

调色板（　　　　）

【滴管工具】　　（　　　　）

【颜料桶工具】　（　　　　）

【墨水瓶工具】　（　　　　）

【混色器】面板　（　　　　）

【刷子工具】　　（　　　　）

【喷涂刷工具】　（　　　　）

【装饰工具】　　（　　　　）

【橡皮擦工具】　（　　　　）

【渐变变形工具】（　　　　）

【颜色样本】面板（　　　　）

2.思考题

（1）请说出【颜料桶工具】和【墨水瓶工具】的主要区别是什么？

（2）当舞台中的图形是用【对象绘制】模式绘制的，无法直接进行颜色填充，这时该怎么办？

（3）对于利用【线条工具】、【钢笔工具】、【铅笔工具】等绘图工具绘制的图形进行颜色填充时，有时无法进行填充，最有可能的原因是什么？应当怎样解决？

3.动手做

（1）利用前一章学过的绘图工具绘制一座卡通小屋，然后根据自己的想象利用颜色工具进行颜色填充。

（2）利用【线性渐变颜色】、【放射状渐变颜色】和【渐变变形工具】分别绘制一盏聚光灯和一盏点光源。

（3）利用【刷子工具】绘制一幅水粉效果的风景画。

（4）利用【位图填充】重新对练习exe4-4.fla中的屏风进行填充。

（5）利用【喷涂刷工具】绘制一个带有花边的相框；利用【装饰工具】的【藤蔓式填充】填充绘制一个窗帘，并把填充过程做成动画。

第5章 Flash的对象编辑

本章要点

1. 外部对象的导入与位图分离。

2. 对象的基本编辑方法。

3. 对象变形工具的使用方法。

4. 文本对象的基本编辑。

5. 对象的优化。

5.1 外部对象的基本编辑

在Flash的创作过程中，常常需要调用外部的图片、视频、音频或其他Flash文件中的元件到当前文件中，这就要用到【导入】的功能。

5.1.1 导入外部对象

单击菜单栏中的【文件】|【导入】打开导入选项菜单，如图5-1所示。

图5-1

【导入到舞台】：可以将外部图片、视频或音频直接导入到当前文件的舞台上。

【导入到库】：可以将外部图片、视频或音频导入到当前文件【库】中。

【打开外部库】：可以把其他Flash文件中的【库】在当前文件中打开，供当前文件调用。

【导入视频】：可以将外部的视频文件导入到当前文件中。

下面以一个实例来介绍将外部图片导入到当前文件舞台的步骤。

 通过这个练习，学习怎样导入位图，并对位图的属性进行设置。

实例文件：exe5-1.fla

（1）启动Flash，新建一个文件，另存为exe5-1.fla。

（2）从主菜单栏中打开【文件】|【导入】|【导入到舞台】，或按快捷键Ctrl+R，打开文件选择窗口，从配书素材\第5章目录下选择"huaduo5-1.jpg"文件，如图5-2所示，单击【打开】按钮，则图片huaduo5-1.jpg直接导入到舞台上。

图5-2

（3）在【库】面板中会看到有文件
huaduo5-1.jpg，如图5-3所示，双击该位
图文件，打开它的【位图属性】窗口，如
图5-4所示。可以对导入的位图进行编辑。

图5-3

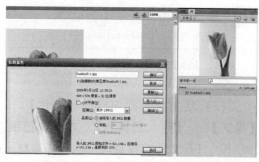

图5-4

（4）单击【确定】按钮，即可设置
位图的属性。按【文件】|【保存】或按
Ctrl+S快捷键保存文件。

充电站　　【位图属性】窗口中各项参数的
含义如下。

【允许平滑】：打开该复选框，可以
平滑位图素材的边缘。

【压缩】：单击打开【压缩】列表框
选项，如图5-5所示。

图5-5

【照片（JPEG）】选项：表示用JPEG
格式导入图像，图像的品质可以通过
下面的两个选项来定义：选择【使用
导入的JPEG数据】复选框表示使用位
图素材的默认质量，选择【常规】复
选框，可以手动输入新的品质值。

【无损（PNG/GIF）】选项：表示以压
缩的格式导入图像，但不损失任何的
图像质量。

按【位图属性】窗口右侧的【测试】
按钮，可以显示文件压缩后的效果并
在窗口的最下面显示文件压缩前后的
文件尺寸和压缩比。

对于要在网上发布的文件一般要求数
据量尽量小，这些属性是很有用的。

5.1.2　分离位图

【修改】|【分离】命令为分离位图
命令，又称为打散命令，快捷键为Ctrl+B，
它会将图像中的像素分散到离散的区域
中，可以分别选中这些区域并进行修改。

动手做　　通过这个练习，学习怎样分离位
图，并在位图分离后对其进行修改。
实例文件：exe5-2.fla

（1）启动Flash，新建一个文件，另存为exe5-2.fla。

（2）从主菜单栏中打开【文件】｜【导入】｜【导入到库】，将配书素材\第5章下的"huaduo01.jpg"文件导入到库，并将其拖到舞台上。

（3）选中舞台中的位图，从主菜单中选【修改】｜【分离】命令，或按Ctrl+B快捷键，则位图被分离。

（4）选择工具栏中的【套索工具】🔗，然后单击选项区的【魔术棒】🪄选项。

（5）单击位图，选择一个区域。继续单击其他区域，将其添加到所选内容中。

（6）单击工具箱中的【填充颜色】按钮，从弹出的颜色选择器中选一种将要填充的颜色，如图5-6所示。则位图中所选区域的颜色自动变成填充色中的颜色，如图5-7所示。

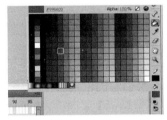

图5-6

图5-7

通过上面两个实例的练习，从中可以感受到位图在Flash作品中是很有用的，日常生活中的照片、图片、其他软件绘制的

图像文件等都可以拿来用，这就极大地丰富了Flash创作的资源。

 可以用分离的位图进行涂色，具体步骤如下。

（1）选择舞台上的位图并按Ctrl+B键将其分离。

（2）选择工具箱中的【滴管工具】🖊️，并在分离的位图上单击。

（3）这时分离的位图将作为填充颜料，可以用【颜料桶工具】🪣或其他绘画工具进行填充或绘画。

图5-8所示为用该方法填充的圆形。

图5-8

5.2　对象的基本编辑

在Flash中，包含许多对象的基本编辑工具和功能，只有熟练掌握这些方法，才能灵活运用Flash进行创作。

5.2.1　对象的选取、移动和删除

在Flash中，对象的选取工具主要有3个：【选择工具】、【部分选择工具】、【套索工具】。其功能和应用方法在第3章中已详述，在此不再赘述。

1.取消选择的方法

（1）按Esc键。

（2）单击选择对象以外的任意空白处。

（3）单击菜单栏【编辑】｜【取消全

选】或按Ctrl+Shift+A快捷键。

2.移动对象的方法

首先选中要移动的对象，然后再利用下面的方法移动。

（1）拖动鼠标即可移动选中的对象。

（2）拖动鼠标的同时按住Shift键，可以限制其在水平、垂直和45°角的范围内移动。

（3）使用光标键来移动对象，每按一下光标键，对象就会在相应方向移动一个像素的位置，这个方法常用于对象的精确定位。如果这时按下Shift键，对象会在相应方向移动8个像素的位置。

（4）可以使用信息面板来直接输入对象的准确位置和大小，方法是选中要移动的对象，在属性面板的上方会出现信息面板，单击可直接输入对象的X、Y坐标，也可以设置对象的宽度和高度，如图5-9所示。

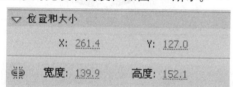

图5-9

3.删除对象的方法

（1）按Delete键或Backspace键。

（2）单击菜单栏中的【编辑】|【清除】。

5.2.2 对象的复制和粘贴

【复制】和【粘贴】是一对命令，可以将对象复制到其他位置或其他文件中，具体操作步骤如下。

（1）选择要复制的对象。

（2）单击菜单栏中的【编辑】|【复制】

或【剪贴】（快捷键是Ctrl+C或Ctrl+X），也可以在选择的对象上右击，从弹出的菜单中选择【复制】或【剪贴】。将选择对象复制或移到剪切板。

（3）将鼠标移到需要粘贴的位置，然后单击菜单栏中的【编辑】|【粘贴到中心位置】（快捷键为Ctrl+V），则将剪贴板中的对象粘贴到舞台的中心位置。也可以右击，从弹出的菜单中选择【粘贴】命令。

在【编辑】菜单中除了【粘贴到中心位置】选项外，还有两个有关粘贴的选项：【粘贴到当前位置】和【选择性粘贴】，如图5-10所示。其具体含义如下。

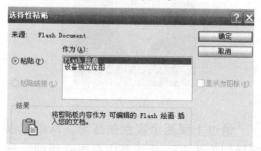

图5-10

【粘贴到当前位置】：就是将对象粘贴到与原对象相同的位置。

【选择性粘贴】：单击该菜单项，弹出【选择性粘贴】窗口，如图5-11所示，其中有两个选项，用来指定将剪切板的内容以何种格式粘贴到编辑区。

图5-11

在【编辑】菜单中还有一个命令，【直接复制】（快捷键是Ctrl+D），可以直接将选择的对象在当前位置进行复制。

 当选择一个对象后，按住Alt键同时拖动鼠标，释放按键和鼠标，则在鼠标释放处复制出一个新的对象。

若同时按住Alt键和Shift键拖动鼠标，则沿着水平、垂直或45°角方向复制对象。

5.2.3 组合和分离对象

【组合】和【分离】对象是一组相对的命令，在Flash中经常用到。

1.组合对象

组合对象是指把离散的对象或是几个对象打包在一起，成为一个独立的整体，便于进行移动、旋转、缩放、复制等操作。

具体操作步骤如下。

（1）选择要组合的对象。

（2）单击菜单栏中的【修改】|【组合】（快捷键为Ctrl+G），则所选对象组合成为一个整体。

2.分离对象

分离对象是指把已经组合在一起的对象再分离成一个个单独的对象，便于对单独的对象进行修改。

具体操作方法是选择组合对象，单击菜单栏中的【修改】|【分离】（快捷键为Ctrl+B）。

分离对象还有一个命令是【修改】|【取消组合】（快捷键为Ctrl+Shift+G）。

这两个分离对象命令的区别是前者的应用范围更广，不仅可以分离已经组合的对象，还可以分离位图、文本等。而后者只能对组合对象进行解组。

5.2.4 对象的排列

对象的排列是指在舞台上，如果有几个对象重叠在一起，可以对它们的前后排列顺序进行调整。

单击菜单栏中的【修改】|【排列】，打开排列方式选项列表，如图5-12所示。

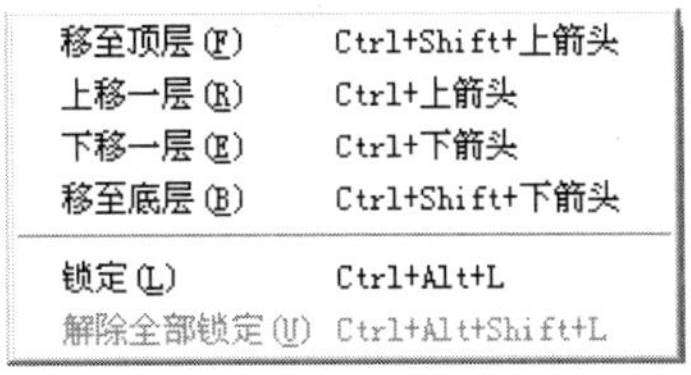

移至顶层(F)	Ctrl+Shift+上箭头
上移一层(R)	Ctrl+上箭头
下移一层(E)	Ctrl+下箭头
移至底层(B)	Ctrl+Shift+下箭头
锁定(L)	Ctrl+Alt+L
解除全部锁定(U)	Ctrl+Alt+Shift+L

图5-12

下面结合实例来学习排列方式的具体含义和操作方法。

练习对象的排列方法。
实例文件：exe5-3.fla

（1）启动Flash，新建一个文件（或打开配书素材\第5章下的exe5-3.fla）。

（2）利用基本图形工具在舞台上按对象绘制方式分别绘出一个黄色的圆、一个绿色的长方形和一个红色的五边形。将它们按绘制顺序叠加在一起，如图5-13所示。

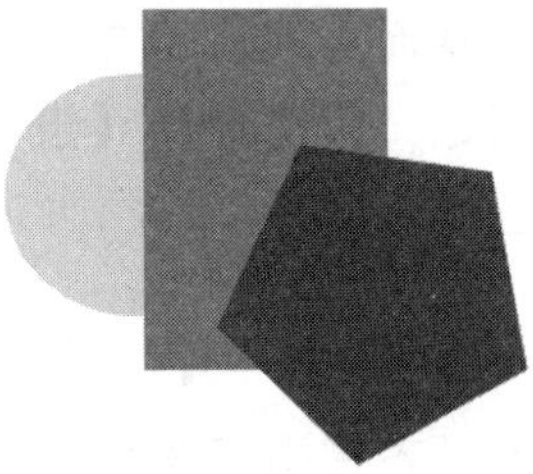

图5-13

(3) 现在想把红色的五边形放到中间，选择五边形，单击菜单栏中的【修改】|【排列】，从弹出的菜单列表中选择【下移一层】。则所选对象下移到中间位置，如图5-14所示。

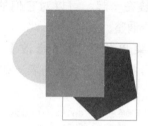

图5-14

(4) 现在选择黄色的圆，在它上面右击，从弹出的菜单中选择【组合】|【移至顶层】，则黄色的圆移到了最上面，如图5-15所示。

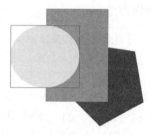

图5-15

(5) 如果想让绿色的长方形不可选，只需在它上面右击，从弹出的菜单中选择【组合】|【锁定】，则长方形就处于不可选状态，从而可以保护它不被修改；如果想解除锁定，只需选择【组合】|【解除全部锁定】即可。

5.2.5 对象的对齐

对象的对齐是指把舞台中的多个对象按照一定的方式精确对齐。

单击菜单栏中的【修改】|【对齐】，打开对齐方式列表，如图5-16所示，或单击菜单栏中的【窗口】|【对齐】（快捷键Ctrl+K），弹出【对齐】面板，如图5-17所示。

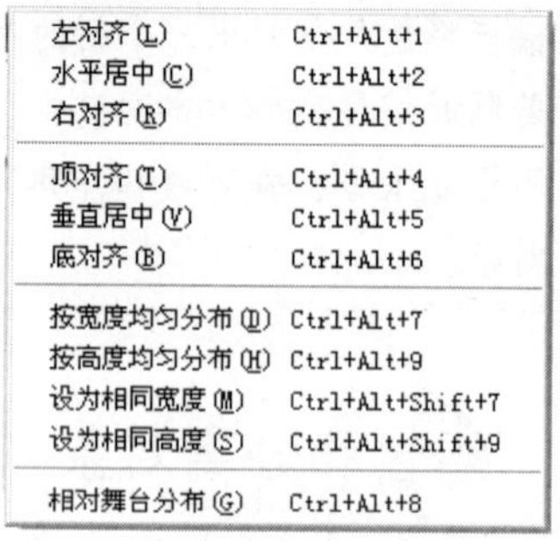

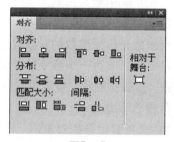

左对齐(L) Ctrl+Alt+1
水平居中(C) Ctrl+Alt+2
右对齐(R) Ctrl+Alt+3
顶对齐(T) Ctrl+Alt+4
垂直居中(V) Ctrl+Alt+5
底对齐(B) Ctrl+Alt+6
按宽度均匀分布(D) Ctrl+Alt+7
按高度均匀分布(H) Ctrl+Alt+9
设为相同宽度(M) Ctrl+Alt+Shift+7
设为相同高度(S) Ctrl+Alt+Shift+9
相对舞台分布(G) Ctrl+Alt+8

图5-16

对齐
对齐:
分布:
匹配大小:
间隔:
相对于舞台:

图5-17

在【对齐】面板中共包含5个选项：【对齐】、【分布】、【匹配大小】、【间隔】、【相对于舞台】。其作用与图5-16所示菜单列表中的命令选项基本对应，且每个命令的快捷键都显示在其中。

1.对象的对齐

【对齐】用于把所有被选择的对象按一定规律对齐，共有6个对齐按钮。其各个按钮的含义如图5-18所示。

水平居中
顶对齐
底对齐
左对齐
右对齐
垂直居中

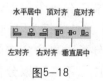

图5-18

2.对象的分布

【分布】用于将所选对齐对象按照中心间距或边缘间距相等的方式进行分布，也有6个分布按钮。其各个按钮的含义如图5-19所示。

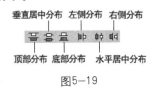

图5-19

3.匹配大小

【匹配大小】可以将选择的对象设为相同的宽度或相同的高度或宽度和高度都相同，图5-20所示为各项的含义。

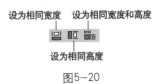

图5-20

4.间隔

【间隔】可以调整所选对象之间的垂直平均间隔和水平平均间隔。图5-21所示为各项的含义。

图5-21

5.相对于舞台

【相对于舞台】□是一个开关按钮，打开时，对象将以整个舞台为参考进行对齐；关闭时，对象将以所选对象中最大者为参考进行对齐。

下面用一个实例来练习【对象对齐】的应用步骤。

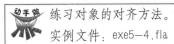
动手做　练习对象的对齐方法。
实例文件：exe5-4.fla

（1）启动Flash，新建一个文件（或打开配书素材\第5章下的exe5-4.fla）。

（2）利用基本图形工具在舞台上按对象绘制方式绘制3个大小不一的对象，如图5-22所示。

图5-22

（3）选择这3个对象，单击【窗口】｜【对齐】（或按快捷键Ctrl+K），从弹出的对齐窗口中单击【顶对齐】按钮，则舞台中的3个对象以顶部为基准向上对齐，如图5-23所示。

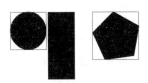

图5-23

（4）单击【对齐】窗口中的【水平居中分布】按钮，则舞台中的3个对象按照相邻对象的中心距离相等的规律分布，如图5-24所示。

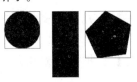

图5-24

（5）单击【对齐】窗口中的【匹配高度】按钮，则舞台中3个对象的高度相等，如图5-25所示，以最高的长方形为基准。再次单击【顶对齐】按钮，如图5-26所示。

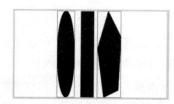

图5-25 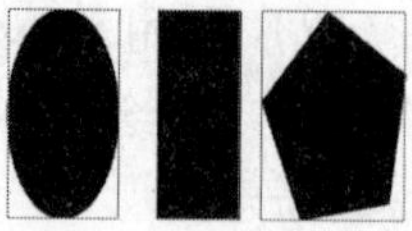　　　　图5-26

（6）打开【相对于舞台】按钮，再单击【匹配高度】按钮，则舞台中的3个对象的高度都与舞台的高度相等，如图5-27所示。

图5-27

5.2.6　对象的合并

对象的合并是指对象与对象之间可以进行布尔运算来生成新的对象。

单击菜单栏中的【修改】|【合并对象】，弹出选项列表，如图5-28所示。其各个选项的含义如下。

删除封套
联合
交集
打孔
裁切

图5-28

【联合】：将选择的对象合并成一个对象。

【交集】：几个相交的对象中共同相交的部分。

【打孔】：把一个对象从另一个对象中减去。

【裁切】：与最上面的对象相交的部分留下，其他部分去掉。

注意：【交集】与【裁切】的区别是【交集】留下来的是最上面一层的对象，是所有所选对象的共同相交的区域；【裁切】留下来的是下面几层的对象，分别与最上面一层的对象的交集。

下面的图形是几个对象合并计算的例子，可以从中体会一下各个选项的应用效果，如图5-29所示。

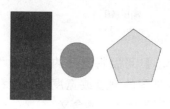

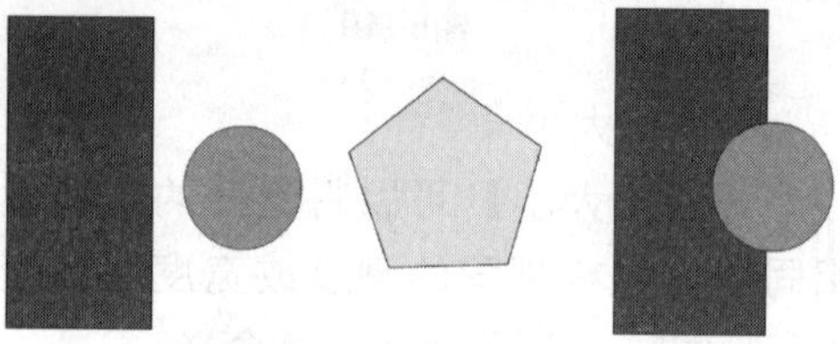

a　　　b　　　c　　a与b的联合效果
对象原形

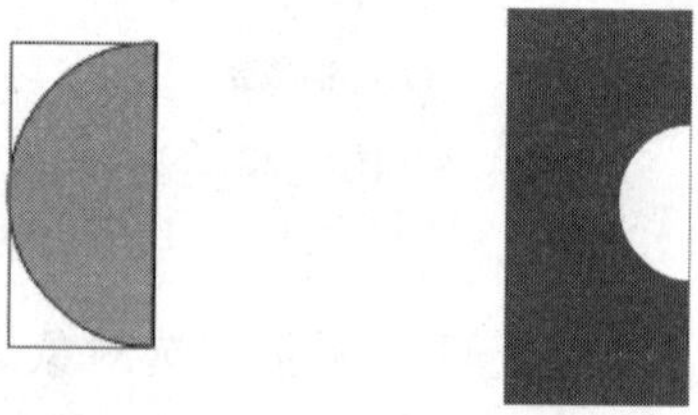

a与b的交集效果　　　　a与b的打孔效果

　　　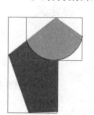

a b c的重叠效果　　　a b c的裁切效果

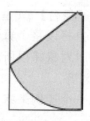

a b c的交集效果

图5-29

5.2.7　手形工具和缩放工具

【手形工具】和【缩放工具】是Flash中常用的两个辅助工具，可以缩放、摇移舞台，便于对舞台中的对象进行编辑处理。

单击工具栏中的【手形工具】，或按快捷键H，将鼠标移到舞台上，则鼠标变为一只小手，拖动鼠标，可以观察不同的舞台区域。这对于画面内容超出显示范围时调整视窗以方便在工作区中操作是非常必要的。

单击工具栏中的【缩放工具】🔍，或按快捷键M，在选项区出现两个选项，如图5-30所示。

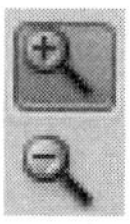

图5-30

🔍为【放大】选项，🔍为【缩小】选项，选择所需选项，单击舞台即可放大或缩小。

【缩放工具】的快捷键是Ctrl+为放大，Ctrl-为缩小。

单击工具栏中的【缩放工具】，将鼠标移到舞台上，默认状态为【放大】模式，单击会放大舞台。这时如果按住Alt键，则转换为【缩小】模式，单击会缩小舞台。

双击【手形工具】按钮会使舞台的显示尺寸达到最大，双击【缩放工具】按钮会使舞台的显示尺寸达到100%，即它的原始大小。【手形工具】和【缩放工具】都只是改变了舞台的显示范围和比例，并没有真正改变舞台中对象的位置和大小。

5.3　对象变形工具的应用

在Flash中，有一组对象变形命令，可以改变对象的形状、旋转对象的角度，在Flash CS4版本中又增加了三维变换工具，使Flash的动画功能又增色了不少。

Flash CS4中的对象变形命令主要存在3个地方：工具栏中的【任意变形工具】和【三维变换工具】、变形菜单和变形面板。这些变形命令的内容基本相同，只是使用方法略有不同。

5.3.1　使用任意变形工具

【任意变形工具】的功能很强大，不仅可以旋转、倾斜、翻转、缩放对象，还可以进行封套、扭曲等特殊变形。

单击工具箱中的【任意变形工具】按钮，快捷键为Q，在工具箱下方的选项区出现5个选项，如图5-31所示。

图5-31

单从各个选项的字面意思就大体知道它的功能，下面通过实例来练习一下【任意变形工具】的使用步骤。

　练习【任意变形工具】的使用方法和步骤。

实例文件：exe5-5.fla

（1）启动Flash，新建一个文件。

（2）利用基本绘图工具在舞台中绘制一个漂亮的布娃娃，也可以直接从配书素材\第5章中打开文件exe5-5.fla。如图5-32所示。

图5-32

（3）拖动鼠标选择布娃娃，单击工具栏中的【任意变形工具】按钮，或按快捷键Q，则在布娃娃周围出现一个矩形框，在它的周边及中心共含9个控制点。如图5-33所示。

图5-33

（4）将鼠标放到布娃娃上，鼠标变为，这时拖动鼠标可以整体移动布娃娃。

将鼠标放到矩形框的控制点上，鼠标变为↔，这时拖动鼠标可以缩放布娃娃，边上的控制点用于缩放宽度或高度，角上的控制点可以自由缩放宽度和高度。

将鼠标放到矩形框的边线上，鼠标变为，这时拖动鼠标可以倾斜布娃娃，效果如图5-34所示。

图5-34

将鼠标放到矩形框角的外侧，鼠标变为，这时拖动鼠标可以旋转布娃娃，效果如图5-35所示。

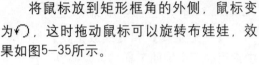

图5-35

将鼠标放到矩形框的中心圆点上，鼠标变为，这时拖动鼠标可以移动中心点，从而可以改变利用【任意变形工具】进行变形的参考圆点。若希望中心点回到初始位置，只需双击中心点即可。

单击选项区中的【旋转与倾斜】选项，则只能对布娃娃进行旋转和倾斜变形，不能进行缩放变形。

单击选项区中的【缩放】选项，则只能对布娃娃进行缩放变形，不能进行旋转或倾斜变形。

（5）按Ctrl+Z快捷键，直到舞台中的布娃娃回到图5-33所示的初始状态，单击选项区中的【扭曲】选项，将鼠标放到矩形框的控制点上，这时鼠标变为，拖动鼠标可以单独调整控制点所在的边或角。如图5-36所示。

图5-36

如果按住Shift键，拖动一个角的控制点，则该角将与相邻角沿彼此的相反方向移动相同距离。效果如图5-37所示。

图5-37

（6）按Ctrl+Z快捷键，再回到初始状态，单击选项区中的【封套】选项 ，这时布娃娃周围的矩形框上出现8个方形的控制点，每个方形控制点的两侧有两个圆形控制点，如图5-38所示。

图5-38

（7）将鼠标放到方形控制点上，拖动鼠标可以改变对象在控制点附近的形状，将鼠标放到圆形控制点上，拖动鼠标可以调整该控制点附近的曲线曲率。效果如图5-39所示。

图5-39

5.3.2　使用变形菜单

对象变形也可以通过变形菜单来完成。

单击菜单栏中的【修改】｜【变形】命令，弹出变形菜单，如图5-40所示。

图5-40

菜单中的前4项在【任意变形工具】中已经介绍，下面介绍一下后面的选项。

【缩放和旋转】：可以通过手动输入缩放和旋转的精确数值，单击它，弹出数值输入窗口，如图5-41所示。

图5-41

【顺时针旋转90度】：按顺时针把选择的对象旋转90°。

【逆时针旋转90度】：按逆时针把选择的对象旋转90°。

【垂直翻转】：按垂直方向镜面翻转对象。

【水平翻转】：按水平方向镜面翻转对象。

【取消变形】：取消施加在对象上的

所有变形。

下面是几个上述选项的应用效果，如图5–42所示。

原形
顺时针旋转90度效果
逆时针旋转90度效果
垂直翻转效果
水平翻转效果

图5–42

5.3.3 使用变形面板

对象变形还可以在变形面板中完成。

单击菜单栏中的【窗口】|【变形】命令或按Ctrl+T快捷键，弹出【变形】面板，如图5–43所示。

变形
100.0%
100.0%
旋转
0.0°
倾斜
3D 旋转
X: 0.0°
Y: 0.0°
Z: 0.0°
3D 中心点
X: 366.4
Y: 260.2
Z: 0.0

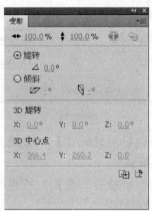

图5–43

只需选中对象，然后在面板中调整相应的变形参数值即可。其中的3D旋转部分在下一节中介绍。

相同的命令可以通过不同的方式来调用，以满足不同用户的应用习惯。

5.4 文本对象的基本编辑

Flash CS4提供了强大的文本编辑功能，除了提供一般文本编辑的基本编辑功能以外，还可以制作交互式文本及制作文字的特殊效果等。

5.4.1 文本类型

Flash CS4中的文本类型共有3种：静态文本、动态文本和输入文本。

（1）静态文本是在Flash动画中应用最广泛的，一般的动画制作主要用的就是静态文本，其内容可以在影片的制作阶段通过文字工具输入，但其内容无法通过程序调用和修改。

（2）动态文本在Flash的程序设计中运用较多，其内容可以通过程序指定或读取。也就是说，动态文本的内容是程序指定的，不是用户直接输入的。

（3）输入文本也是应用在Flash的程序设计中，其内容不仅可以通过程序设置，也可以让用户输入，并让程序读取。在交互动画的设计中经常用到。

动态文本和输入文本主要应用在Flash的ActionScript语言程序设计中，在本书中不作详解，这儿主要介绍静态文本的属性和应用。以后提到的文本如不作特殊说明就是指静态文本。

5.4.2 文本输入与属性设置

单击工具栏中的【文本工具】T，或按快捷键T，在属性面板中显示文本的属性，如图5–44所示。

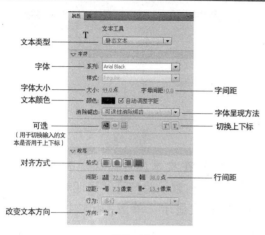

图5-44

文本类型	文本工具
	静态文本
字体	系列 Arial Black
	样式 Regular
字体大小	大小 44.0点　字母间距：0.0	字间距
文本颜色	颜色　　☑自动调整字距
	消除锯齿 可读性消除锯齿	字体呈现方法
可选		切换上下标
（用于切换输入的文本是否用于上下标）
段落
对齐方式	格式
	间距 72.1像素 38.0点	行间距
	边距 7.3像素 13.4像素
	行为 多行
改变文本方向	方向

下面通过一个具体的实例来介绍文本输入的步骤。

 动手做 通过这个练习，学习静态文本的输入及属性设置的过程。

（1）启动Flash，新建一个文件。

（2）单击工具栏中的【文本工具】**T**按钮。在舞台中需要输入文本的位置单击，舞台中出现一个文本框，文本框的右上角有一个空心圆，表明此文本框为可伸缩文本框，即文本框会随着文本的输入而自动改变宽度。如图5-45所示。

图5-45

 充电站 单击【文本工具】**T**按钮，在舞台中按住鼠标拖出一个区域，这时出现一个文本框，其右上角显示为空心的方块，表示此文本框为固定文本框，如图5-46所示，即输入的文本的宽度已定，文本会根据文本框的宽度自动换行，如图5-47所示。

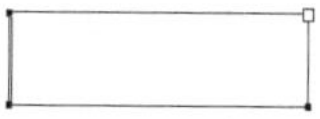

Flash的文本编辑功能非常强大。

图5-46 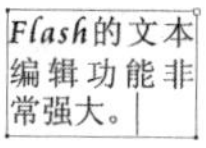　　　　图5-47

（3）在文本框中输入文本"静态文本"，文本框会自动加宽，如图5-48所示。

（4）单击工具栏中的【选择工具】，单击文本框，则该文本框被选中，可通过文本属性面板对选中的文本框中的文本进行属性设置，如图5-49所示。

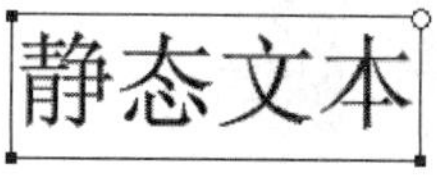

静态文本　　　静态文本

图5-48 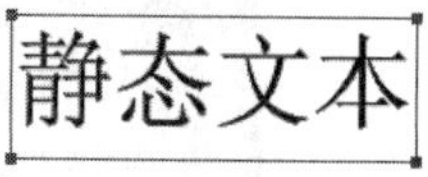　　　　图5-49

（5）单击属性面板上的【系列】字体选项，从弹出的字体列表中选择所需要的字体，这时文本框中的文本字体就变为所选字体，如图5-50所示。

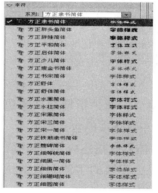

图5-50

（6）单击【字体大小】项，可以手动输入文本的字号，也可以将鼠标放在【字号】上，鼠标变为 时，左右拖动鼠标来改变文本的大小。同样的方法可以调整文本的字间距，如图5-51所示。

静　态　文　本

图5-51

（7）单击【文本颜色】按钮，从弹出的颜色选择器中选择文本的颜色，如图5-52

所示。

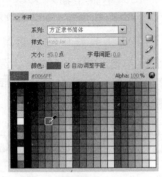

图5-52

（8）单击【字体呈现方法】下拉列表，列出消除锯齿的方法，如图5-53所示。

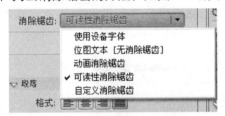

图5-53

所谓的消除锯齿，就是指增加文本边缘的清晰度。列表中各选项的含义如下。

【使用设备字体】：指定swf文件将强制使用本地计算机上安装的字体。只适用于静态文本。

【位图文本（无消除锯齿）】：关闭消除锯齿功能，边缘显示尖锐，没有作平滑处理。

【动画消除锯齿】：创建比较平滑的动画，用于作动画文本。但在字体较小时会不太清楚。

【可读性消除锯齿】：改进了字体的可读性，尤其是对较小字体的清晰度，但其动画效果较差。

【自定义消除锯齿】：可以根据弹出的窗口，自行定义文本边缘的清晰度。如图5-54所示。

图5-54

（9）在文本属性面板上有一个【可选】按钮，默认为打开，说明输入的文本按正常方式显示，单击关闭该按钮，则另两个按钮激活：【切换下标】按钮和【切换上标】按钮，这时选中的文本会作为数学中的上标或下标显示。图5-55所示为用上下标方式输入的文本。

$$a^2+b^2=c^2$$

图5-55

（10）在文本属性面板的【字段】选项下，可以调整字段的对齐方式，以及字段的边距、行距等属性。可动手操作一下，不再详述。

（11）单击【文本方向】按钮，弹出选项列表，如图5-56所示，可以使文本的显示

图5-56

方向按水平方向显示或按垂直方向显示。图5-57所示为按各种方向显示的效果比较。

水平效果   垂直，   垂直，
      从左向右效果   从右向左效果

图5-57

选中文本框内部文本的操作方法如下。

单击工具栏中的【文本工具】T，再单击需要调整的文本框，则文本框变为输入时的状态。拖动鼠标，选择需要修改的文本，即可选中文本框内部的文本，如图5-58所示。在文本属性面板中可以单独定义所选文本的字体、大小、颜色等属性，如图5-59所示。

图5-58 　　　　图5-59

5.4.3　文本的转换

在Flash中，可以将文本转换为矢量图，然后对其进行修改或制作特殊效果。

将文本转换为矢量图的命令为【修改】|【分离】，又称为打散命令，快捷键为Ctrl+B。下面结合实例认识一下文本转换的应用。

制作彩虹文字，对文字加边缘、加阴影，学习文本转换的方法及在实际工作中的应用。
实例文件：exe5-6.fla

（1）启动Flash，新建一个文件，另存为exe5-4.fla。

（2）单击工具栏中的【文本工具】按钮T。在属性面板中设置【字体】为"方正琥珀简体"，【字体大小】为88，【颜色】为黑色。如图5-60所示。

图5-60

（3）在舞台中输入文本"七彩生活"4个字，如图5-61所示。

七彩生活

图5-61

（4）单击菜单栏中的【修改】|【分离】（或按Ctrl+B快捷键），则原来的一个文本框被拆分为4个文本框，如图5-62所示，这时可以对每一个字单独进行调整。

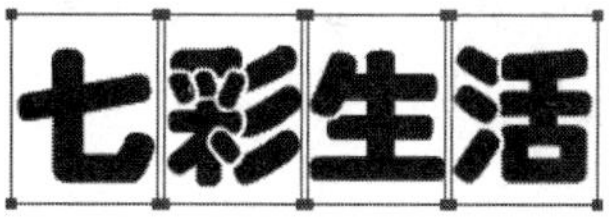

七彩生活

图5-62

（5）再次单击菜单栏中的【修改】|【分离】（或按Ctrl+B快捷键），这时所有的文本转换为网状的可编辑状态的矢量图形。如图5-63所示。

七彩生活

图5-63

注意！这儿用了两次Ctrl+B才把文本转换为矢量图形。

（6）单击工具箱中的【部分选取工具】，对文本的路径进行编辑，改变文本的形状，使文字显得更生动。如图5-64所示。

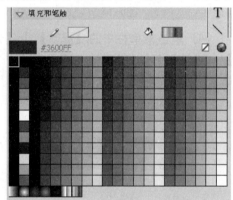

图5-64

（7）选择文本，单击属性面板上的【填充色】按钮，从弹出的调色板中选择彩虹渐变色，如图5-65所示。则文本的颜色填充为彩虹渐变色，如图5-66所示。

图5-65

图5-66

（8）给文本添加边框路径，使文字的显示效果更加突出。单击工具栏中的【墨水瓶工具】，在属性面板上设置【笔触颜色】为黑色，【笔触大小】为5，【样式】为斑马线，如图5-67所示。

图5-67

（9）在文本色块上面单击，给文本添加了边框路径，效果如图5-68所示。

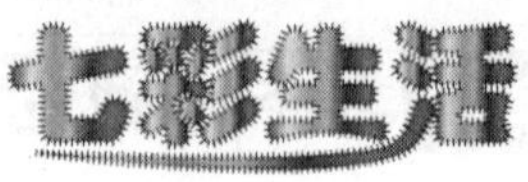

图5-68

（10）在具体应用中，经常需要给文本添加阴影效果。再回到步骤（7），在舞台上选中文本，然后单击【编辑】｜【直接复制】或按Ctrl+D快捷键，复制文本，并将其移到不同位置。如图5-69所示。

（11）选择下面的文本，在属性面板上单击【填充色】按钮，从弹出的调色板中选择一种颜色作为阴影的颜色。如图5-70所示。

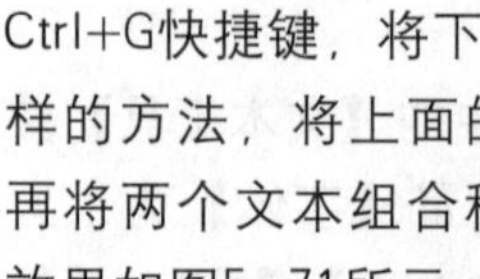

图5-69 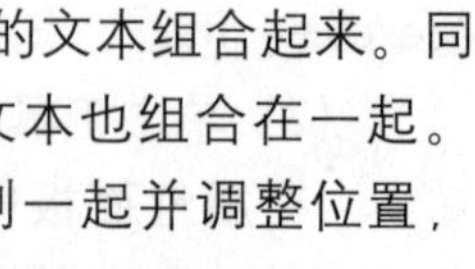　　　　　　图5-70

（12）单击【修改】｜【组合】或按Ctrl+G快捷键，将下面的文本组合起来。同样的方法，将上面的文本也组合在一起。再将两个文本组合移到一起并调整位置，效果如图5-71所示。

图5-71

若这两个组合的前后次序不对，可以利用【修改】｜【排列】命令来进行调整。

 在Flash中经常用到制作文字的特殊效果，如空心文字、金属文字、立体文字、披雪文字、断裂文字等，其实制作的方法都大同小异，首先要将文本转换为矢量图，然后利用对象的编辑工具对其进行修改编辑而成。

5.4.4 建立文本的超级链接

在Flash中可以很容易为文本添加超级链接，从而当Flash文件运行时，单击建立链接的文本，就可以访问相应的网站。

 学习建立超级链接的方法与步骤。实例文件：exe5-7.fla

（1）启动Flash，新建一个文件，另存为exe5-4-3.fla。

（2）单击工具栏中的【文本工具】按钮**T**。在舞台中央输入"Flash CS4"，在属性面板中设置【字体】为Arial，【字体大小】为55，【字母间距】为11。如图5-72所示。

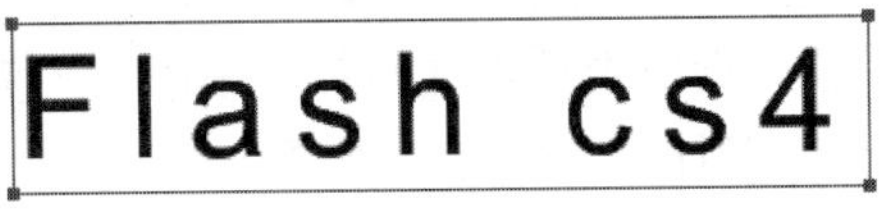

Flash cs4

图5-72

（3）选中整个文本框，在属性面板上的【选项】栏下，【链接】右侧的空白条上输入将要超级链接的网站地址，此处输入"http://www.flash.com"，如图5-73所示。

图5-73

（4）当输入链接地址后，下面的【目标】下拉列表菜单生效，从下拉列表菜单中可选择不同的选项，控制浏览器窗口的打开方式。此处选择_blank，如图5-74所示。

图5-74

（5）单击菜单栏中的【控制】｜【测试影片】或按Ctrl+Enter快捷键，在Flash播放器中预览动画效果，如图5-75所示。

图5-75

（6）单击文本"Flash cs4"，如果计算机已联网，则打开Flash的官方网站。

5.5 对象的优化

在Flash动画制作中，有时为了减小文件的数据量、美化画面效果、便于调整对象的形状，需要对对象进行优化。

单击菜单栏中的【修改】｜【形状】，弹出对象优化菜单列表，如图5—76所示，共有6种对象的优化方法。

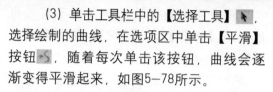

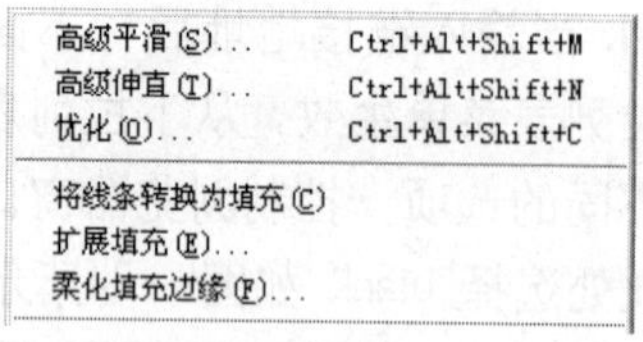

图5—76

5.5.1　平滑与伸直

【平滑】使曲线变柔和并减少曲线整体方向上的突起或其他变化，同时还会减少曲线中的线段数量。【平滑】是相对的，它不影响直线段。

如果在改变含有大量非常短的曲线段的形状时遇到困难，该操作非常有用。

【伸直】可以稍稍弄直已经绘制的线条和曲线。它不影响已经伸直的线段。

根据每条线段的原始曲直程度，可以重复使用【平滑】和【伸直】操作使每条线段更平滑、更直。

 练习【平滑】和【伸直】的操作方法。

（1）启动Flash，新建一个文件。

（2）利用工具栏中的【铅笔工具】 在舞台中绘制一个桃子的形状，如图5—77所示。

图5—77

（3）单击工具栏中的【选择工具】 ，选择绘制的曲线，在选项区中单击【平滑】按钮 ，随着每次单击该按钮，曲线会逐渐变得平滑起来，如图5—78所示。

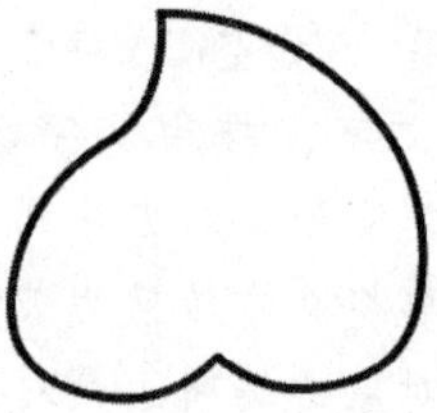

图5—78

若要输入用于【平滑】的特定参数，单击菜单栏中的【修改】｜【形状】，从弹出的对象优化菜单列表中选择【高级平滑】。弹出【高级平滑】的参数设置窗口，如图5—79所示。从中可以设置相应的参数来平滑曲线。

图5—79

（4）利用工具栏中的【铅笔工具】在舞台中绘制一个葫芦的形状，如图5—80所示，同样利用【选择工具】选择绘制的曲线，在选项区中单击【伸直】按钮 ，使曲线上的小弧度慢慢拉直，如图5—81所示。

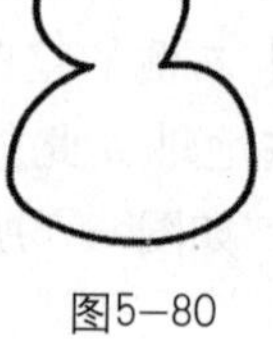

图5—80

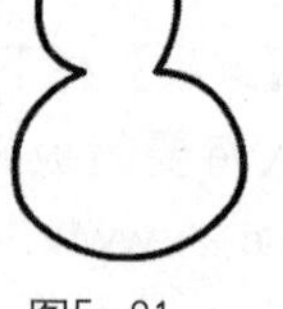

图5—81

同样，若要输入用于【伸直】的特定参数，单击菜单栏中的【修改】|【形状】，从弹出的对象优化菜单列表中选择【高级拉直】。弹出【高级拉直】的参数设置窗口，如图5-82所示。从中可以设置相应的参数来拉直曲线。如把【伸直强度】设为100，则图5-81所示的形状变为图5-83所示的形状。

图5-82

图5-83

5.5.2 优化路径

【优化路径】是指通过改进曲线和填充轮廓，减少用于定义这些元素的曲线数量来平滑曲线，从而缩小Flash文件的大小。可以对相同元素进行多次优化。

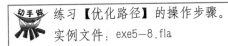

练习【优化路径】的操作步骤。

实例文件：exe5-8.fla

（1）启动Flash，新建一个文件。

（2）利用工具栏中的基本绘图工具在舞台中绘制一棵树，如图5-84所示。

图5-84

（3）单击菜单栏中的【文件】|【另存为】，将文件保存为exe5-8.fla。

（4）利用【选择工具】选择绘制的图形，然后单击菜单栏中的【修改】|【形状】|【优化】，弹出优化曲线参数设置窗口，并设置【优化强度】为100，如图5-85所示。

图5-85

（5）单击【确定】按钮，弹出一条信息，显示优化前后所选定内容的段数变化。如图5-86所示。

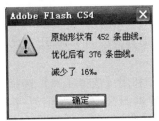

图5-86

（6）单击【确定】按钮，则所绘图形被优化。如图5-87所示。

图5-87

（7）再次单击菜单栏中的【文件】|【另存为】，将文件另保存为exe5-8-1.fla。

（8）回到保存文件的目录下，比较优化前后所存的Flash文件的大小。文件exe5-8.fla为128 KB，而优化后的文件exe5-8-1.fla只有66 KB，的确减少了很多。

5.5.3 将线条转换为填充

在Flash制作中，有时需要将线条转换为填充，这样就可以调整线条的粗细，也可以部分擦除线条，增强笔触感，从而制作不同的艺术效果。

 练习【将线条转换为填充】的操作步骤。
实例文件：exe5-9.fla

（1）启动Flash，新建一个文件。

（2）利用工具栏中的【铅笔工具】在舞台中任意绘制一个形状并填充颜色，如图5-88所示。

（3）利用【选择工具】选择该形状，单击菜单栏中的【修改】|【形状】|【将线条转换为填充】。

（4）利用【选择工具】和【橡皮擦工具】对边线进行拖曳或擦除调整，从而制作出随意的笔触效果，如图5-89所示。将文件存为exe5-9.fla。

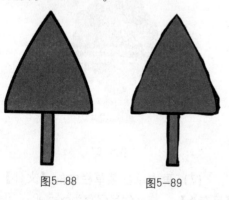

图5-88   图5-89

 利用【将线条转换为填充】功能可以模仿出许多艺术效果，如可以模仿水粉画、炭笔画、水彩画、中国画等随意洒脱的边缘效果。

5.5.4 扩展填充

【扩展填充】可以改变填充的范围大小。

 练习【扩展填充】的操作步骤。
实例文件：exe5-10.fla

（1）启动Flash，新建一个文件。

（2）利用工具栏中的【椭圆工具】在舞台中绘制一个圆，如图5-90所示。

图5-90

（3）利用【选择工具】选择中间的填充色，然后单击菜单栏中的【修改】|【形状】|【扩展填充】，弹出【扩展填充】参数设置窗口，如图5-91所示，设置【距离】为20像素，【方向】为插入。

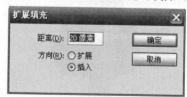

图5-91

（4）单击【确定】按钮，则选择的部分沿边缘向内缩小20个像素。如图5-92所示。

图5-92

（5）如果将步骤3中的【方向】设为扩展，则选择的部分沿边缘向外扩展20个像素，如图5-93所示。

图5-93

5.5.5 柔化填充边缘

【柔化填充边缘】可以使填充色块的边缘进行模糊处理。

练习【柔化填充边缘】的操作步骤。
实例文件：exe5-11.fla

（1）启动Flash，新建一个文件。

（2）利用工具栏中的【椭圆工具】在舞台中绘制一个没有边线的圆，即设笔触色为无色，如图5-94所示。

图5-94

（3）利用【选择工具】选择绘制的圆，单击【修改】|【形状】|【柔化填充边缘】，弹出【柔化填充边缘】参数设置窗口，如图5-95所示，参数设置如下。

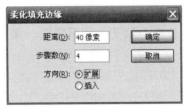

图5-95

【距离】为40像素，即柔化的边缘大小。

【步骤数】为4，即柔化的边缘的层次。

【方向】设为扩展，即沿边缘向外扩展40个像素并柔化；若为插入，则向内柔化40个像素。

（4）单击【确定】按钮，则效果如图5-96所示。若设置【距离】为80像素，【步骤数】为8，【方向】设为插入，则效果如图5-97所示。

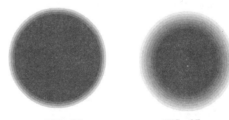

图5-96　　　　　图5-97

本章小结

本章重点讲述了Flash中的对象编辑操作。必须掌握的知识点有：①导入外部图片，以及位图的分离方法；②对象的基本操作：对象的选取、移动、删除、复制、粘贴、组合、分离、排列、对齐、合并；

③【手形工具】和【缩放工具】；④对象的变形：使用【任意变形工具】、使用变形菜单、使用变形面板；⑤使用文本对象：文本的输入、基本编辑、文本转换；⑥对象的优化：平滑与伸直、优化路径、将线条转换为填充、扩展填充、柔化填充边缘。

习 题

1.选择填空题

（1）对象的选取工具主要有（　　　）。

A．【选择工具】　　　　B．【滴管工具】

C．【部分选取工具】 D．【套索工具】

（2）通过下面哪个命令可以将文本转换为矢量图（　　　）。

A．Ctrl+C　　　　　　B．Ctrl+B

C．Ctrl+V　　　　　　D．Ctrl+X

（3）分别为下面的工具填上正确的快捷键：

对象的复制　　　（　　　）

对象的粘贴　　　（　　　）

对象的剪切　　　（　　　）

对象的组合　　　（　　　）

对象的分离　　　（　　　）

【对齐】面板　　（　　　）

【手形工具】　　（　　　）

【缩放工具】　　（　　　）

【任意变形工具】（　　　）

【文本工具】　　（　　　）

【变形】面板　　（　　　）

（4）Flash中的文本类型共有3种，分别是（　　　）、（　　　）、（　　　）。

2.简答题

（1）请说出【任意变形工具】的功能主要有哪些？

（2）请说出对对象进行优化主要采取哪几种手段？

3.动手做

（1）请将自己的一张数码照片导入到Flash中，并将其分离，然后修改衣服的颜色。

（2）在舞台上绘制3个不同的图形，练习对象的选取、移动、删除、复制、粘贴、组合、分离、排列、对齐、合并。

（3）利用文本转换，分别制作空心文字、金属文字、立体文字、披雪文字、断裂文字等效果。

第6章 基础动画

本章要点

1. 帧的基本操作。

2. 场景的使用。

3. 动画的基本知识。

4. 逐帧动画。

5. 传统补间动画。

6.1 帧与时间轴

Flash动画实际上是由时间轴上的帧组合而成，制作动画就是对帧的操作。帧的操作技术是Flash动画制作的核心技术。

6.1.1 【时间轴】面板

【时间轴】面板用于组织和控制一定时间内的图层和帧中的文件内容。与胶片一样，Flash文件也将时长分为帧。图层就像堆叠在一起的多张幻灯胶片一样，每个图层都包含一个显示在舞台中的不同图像。图6-1所示为【时间轴】面板及其各个部分的含义。

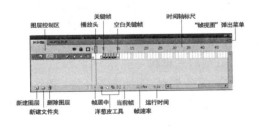

图6-1

【时间轴】面板的主要组件是图层、帧和播放头。

【时间轴】面板的左侧区域为图层控制区，每个图层中包含的帧显示在该图层名右侧的一行中。（有关图层部分的内容在下一章中介绍）

【时间轴标尺】：指示帧编号。

【播放头】：指示当前在舞台中显示的帧。播放文件时，播放头从左向右通过时间轴。

【帧居中】：使时间轴以当前帧为中心。

【洋葱皮工具】：可同时显示多个帧的内容。

【当前帧】：指示播放头当前所在帧的位置。

【帧速率】：表示每秒钟播放的帧数。

注：在播放动画时，将显示实际的帧速率；如果计算机不能足够快地计算和显示动画，则该帧速率可能与文件的帧速率设置不一致。

【运行时间】：表示从开始帧到当前帧为止的运行时间。

【"帧视图"弹出菜单】：单击该按钮弹出选项菜单，如图6-2所示，可以改变时间轴的显示状态。

图6-2

6.1.2 帧的类型

在Flash中模仿了胶片的制作原理,将时长分为帧。在时间轴中,使用这些帧来组织和控制文件的内容。在时间轴上的帧有多种类型,可以分为关键帧、属性关键帧、空白关键帧、静态帧、未用帧、补间帧等。

1.关键帧

关键帧(英文为Keyframe),也叫作"原画",是用来描述动画中关键画面的帧。关键帧当前所对应的舞台中一定要有内容,并且该舞台可以编辑。关键帧在时间轴上表现为一个实心的小圆点,如图6-3所示。

图6-3

2.属性关键帧

实现动画需要在关键帧中改变对象或对象的属性。在以前的版本中这都属于关键帧,但在Flash CS4中就是两个概念了,改变对象,如在关键帧中出现新的对象,

这种关键帧就叫关键帧,如同以前版本一样。在关键帧中改变对象的属性,如位置的变化等,这种关键帧叫属性关键帧。

属性关键帧可以在舞台、属性检查器或动画编辑器中进行编辑。

在Flash CS4新增创建补间动画方式中,第一个关键帧表现为一个实心的小圆点,后面的关键帧就是属性关键帧,表现为一个实心的小菱形块。如图6-4所示。

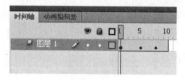

图6-4

在舞台上属性关键帧表现为绿色的小方块,如图6-5所示,在动画编辑器中为黑色的小方块,如图6-6所示。

图6-5

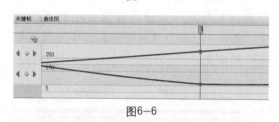

图6-6

3.空白关键帧

空白关键帧是关键帧的一种,只不过空白关键帧当前所对应的舞台中没有内容。将空白关键帧添加到时间轴上,作为打算稍后添加的元件的占位符,或者将该帧保留为空。空白关键帧在时间轴上表现为一个空心的小圆圈,如图6-7所示。

图6-7

4.静态帧

静态帧是用于延长一个关键帧在时间轴上的播放状态和时间长度。静态帧当前所对应的舞台不可编辑。静态帧在时间轴上表现为一段灰色的条状区域。如图6-8所示。

图6-8

5.未用帧

未用帧是指时间轴上没有使用的帧，这时对应的舞台上不能放置任何内容。如图6-9所示。

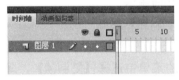

图6-9

6.补间帧

补间帧是指在两个关键帧之间，由前一个关键帧过渡到后一个关键帧的所有帧。补间帧根据补间动画的方式不同在时间轴上的表现形式也不同。传统运动补间的补间帧为蓝灰色条块上黑色的箭头表示，形状补间的补间帧为绿灰色条块上黑色的箭头表示，如图6-10所示。

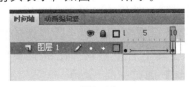

图6-10

Flash CS4新增创建运动补间动画的方式，与传统补间动画有了根本不同，其编辑方式在后面介绍，其在时间轴上的表现为浅蓝色的一组帧，如图6-11所示。

图6-11

6.1.3　帧的基本操作

帧的基本操作包括添加帧、删除帧、选择帧、移动帧、复制和粘贴帧、翻转帧等。

1.添加帧的方法

（1）插入或增加静态帧的方法有以下几项。

①单击菜单栏中的【插入】｜【时间轴】｜【帧】。

②按快捷键F5。

③在时间轴上要插入帧的地方右击，从弹出的菜单中选择【插入帧】，如图6-12。

图6-12

（2）创建新关键帧的方法有以下几种。

①单击菜单栏中的【插入】|【时间轴】|【关键帧】。

②按快捷键F6。

③在时间轴上要创建关键帧的地方右击，从弹出的菜单中选择【插入关键帧】。

④在时间轴上要创建关键帧的地方右击，从弹出的菜单中选择【转换为关键帧】。

（3）创建空白关键帧的方法有以下几种。

①单击菜单栏中的【插入】|【时间轴】|【空白关键帧】。

②按快捷键F7。

③在时间轴上要创建空白关键帧的地方右击，从弹出的菜单中选择【插入空白关键帧】。

④在时间轴上要创建空白关键帧的地方右击，从弹出的菜单中选择【转换为空白关键帧】。

2．删除帧的方法

（1）删除静态帧的方法

选择需要删除的静态帧或帧序列，然后进行以下操作。

①单击菜单栏中的【编辑】|【时间轴】|【删除帧】。

②按Shift+F5快捷键。

③在时间轴上需要删除的帧上右击，从弹出的菜单中选择【删除帧】。

（2）删除关键帧的方法

选择需要删除的关键帧或空白关键帧，然后进行以下操作。

①单击菜单栏中的【修改】|【时间轴】|【清除关键帧】。

②按Shift+F6快捷键。

③在时间轴上需要删除的关键帧上右击，从弹出的菜单中选择【清除关键帧】。

3．选择帧的方法

①若要选择一个帧，单击该帧。

②若要选择多个连续的帧，按住 Shift 键并单击其他帧。

③若要选择多个不连续的帧，按住 Ctrl键单击其他帧。

④若要选择时间轴中的所有帧，单击菜单栏中的【编辑】|【时间轴】|【选择所有帧】。或者在时间轴上右击，从弹出的菜单中选择【选择所有帧】。

⑤若要选择整个静态帧范围，双击两个关键帧之间的帧。

4．移动帧的方法

在时间轴上选择需要移动的帧或帧序列，然后拖动鼠标，将其移动到时间轴面板中新的位置。可以在同层中拖动，也可以拖到其他层中。

5．复制和粘贴帧

（1）选择需要复制的帧，在其上右击，从弹出的菜单中选择【复制帧】，然后将鼠标移到需要粘贴帧的位置再次右击，从弹出的菜单中选择【粘贴帧】即可。

（2）选择需要复制的帧，单击菜单栏中的【编辑】|【时间轴】|【复制帧】，然后将鼠标移到需要粘贴帧的位置，再次单击菜单栏中的【编辑】|【时间轴】|【粘贴帧】即可。

6．翻转帧

（1）翻转帧可以将一段连续的关键帧序列逆转排列，使原来的动画倒着播放。

（2）选择需要翻转的一段连续的关键帧序列，在其上右击，从弹出的菜单中选择【翻转帧】即可。

7.更改静态帧序列的长度

按住Ctrl键的同时向左或向右拖动静态帧范围的开始或结束帧。

6.2　使用场景

在创作长篇幅动画时，那长长的时间轴往往让人望而生畏，这时可以使用场景，将一个个镜头片段分别放在不同的场景中，每一个场景就像一个独立的文件，有自己独立的时间轴，场景与场景之间又相互联系，极大地方便了大型动画的编辑制作。

6.2.1　认识【场景】面板

单击菜单栏中的【窗口】｜【其他面板】｜【场景】，或按快捷键Shift+F2，打开【场景】面板，如图6-13所示。

图6-13

【添加场景】按钮：单击可在场景面板中添加场景，还可以单击菜单栏中的【插入】｜【场景】来添加场景。

【重置场景】按钮：单击可以复制当前场景。

【删除场景】按钮：单击可以删除当前场景。

6.2.2　【场景】面板的基本操作

【场景】面板的基本操作主要包括以下几个方面。

1.更改文件中的场景顺序

在【场景】面板中选择场景名称，用鼠标上下拖动可以调整场景的前后顺序。

2.场景的输出顺序

每个场景都有一个时间轴，Flash文件最后输出时帧的顺序是按场景顺序连续编号的。例如，如果文件包含两个场景，每个场景有10帧，则场景 2 中的帧的编号为11 到 20。文件中的各个场景将按照【场景】面板中所列的顺序进行播放。当播放头到达一个场景的最后一帧时，将自动前进到下一个场景。

3.更改场景的名称

在【场景】面板中双击场景名称，然后输入新名称。

4.场景的切换方式

场景之间的切换有两种方法，一是通过单击场景面板中的场景名称来切换。二是单击舞台右上角的【编辑场景】按钮，从弹出的场景列表中选择场景名称，如图6-14所示。

图6-14

 练习场景的创建过程和运用技巧。实例文件：exe6-1.fla

（1）启动Flash，从配书素材\第6章下打开文件exe6-1.fla。文件的库中含有"春天"、"秋天"、"冬天"3个元件。

（2）将元件"春天"拖到"场景1"的舞台上，并调整实例的大小和位置，单击时间轴上的第50帧，按F5键增加静态帧，如图6-15所示。

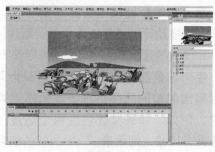

图6-15

（3）按Shift+F2快捷键，打开场景面板，单击【添加场景】按钮，添加"场景2"，将元件"秋天"拖到"场景2"的舞台上，并调整实例的大小和位置，单击时间轴上的第25帧，按F5键增加静态帧，如图6-16所示。

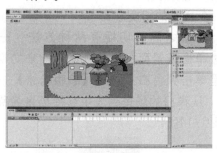

图6-16

（4）同样的方法添加"场景3"，将元件"冬天"拖到"场景3"的舞台上，并调整实例的大小和位置，单击时间轴上的第50帧，按F5键增加静态帧，如图6-17所示。

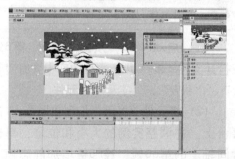

图6-17

（5）分别双击【场景】面板中的场景名称，依次将"场景1"改为"春天"；将"场景2"改为"秋天"；将"场景3"改为"冬天"。如图6-18所示。

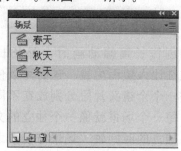

图6-18

（6）按Ctrl+Enter快捷键浏览动画，动画按照场景面板中的场景排列顺序及每个场景时间轴的时长进行播放。

（7）在场景面板中拖动场景"冬天"到最上面，如图6-19所示。

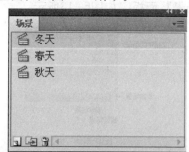

图6-19

（8）再次按Ctrl+Enter快捷键浏览动画，发现动画播放的顺序变为"冬天"、"春天"、"秋天"。

（9）另存文件为"exe6-01.fla"。

6.3　动画基础知识

在制作动画之前，首先要了解Flash动画的基础知识，如动画的类型、帧频、时间轴上的各种指示符等。

6.3.1 动画的类型

Flash CS4提供了多种方法用来创建动画和特殊效果。各种方法为创造者创作精彩的动画内容提供了多种可能。

Flash 支持以下类型的动画。

1.补间动画

补间动画是Flash CS4新增的全新的动画方式，是通过设置对象的属性关键帧，在两个属性关键帧中间自动内插帧的属性值来形成动画。

补间动画适用于对象的连续运动或变形构成的动画。

补间动画功能强大，易于创建，在第10章中将作详细介绍。

2.传统补间动画

传统补间动画是Flash CS4以前版本中最常用的动画形式，与补间动画类似，但是创建起来稍显复杂。两者之间最大的区别就是编辑方式的不同。另外，传统补间还可以制作一些补间动画无法实现的特定的动画效果。

3.补间形状

补间形状就是形状变形动画，可在时间轴中的一个关键帧中绘制一个形状，然后在另一个关键帧中更改该形状或绘制另一个形状。Flash 将自动内插中间帧的中间形状，创建一个形状变形为另一个形状的动画。

4.逐帧动画

传统的手绘动画就是使用的此项动画技术，通过为时间轴中的每个帧指定不同的画面，创建与快速连续播放的影片帧类似的效果。

对于每个帧的图形元素必须不同的复杂动画而言，此技术非常有用。

5.反向运动

这也是Flash CS4新增的动画方式，反向运动又称骨骼运动，利用人体运动原理，将形状对象或元件实例组捆绑在骨骼链上，通过骨骼链的运动使它们以自然方式一起移动。这种动画方式在三维动画软件中经常用到。

6.三维动画

这也是Flash CS4新增的动画方式，使对象可以在Z轴上平移、旋转，在三维空间中制作动画。

6.3.2 帧频

【帧频】是指动画播放的速度，以每秒播放的帧数（fps）为度量单位。【帧频】太慢会使动画看起来一顿一顿的，帧频太快会使动画的细节变得模糊。Flash CS4的默认【帧频】为12 fps，能满足大多数需要。

动画的复杂程度和播放动画的计算机的速度会影响回放的流畅程度。若要确定最佳帧速率，请在各种不同的计算机上测试动画。

因为只给整个Flash文件指定一个【帧频】，因此请在开始创建动画之前先设置【帧频】。

6.3.3 在时间轴上的指示符

Flash CS4通过在时间轴上显示不同的指示符来区分不同的动画形式。

时间轴中显示的各种帧内容指示符及其所代表的含义如下。

（1）一段具有蓝色背景的帧表示补间动画，如图6-20所示。

图6-20

范围的第一帧中的黑点表示补间范围分配有目标对象。黑色菱形表示其属性关键帧。

（2）图6-21所示第一帧中的空心点表示补间动画的目标对象已删除。补间范围仍包含其属性关键帧，并可应用新的目标对象。

图6-21

（3）一段具有绿色背景的帧表示为反向运动的姿势图层。如图6-22所示，姿势图层包含IK骨架和姿势。每个姿势在时间轴中显示为黑色菱形。

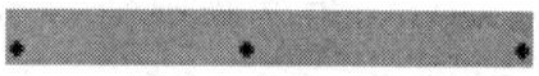

图6-22

（4）带有黑色箭头和蓝色背景的帧表示为传统补间动画，如图6-23所示。

图6-23

（5）虚线表示传统补间是断开或不完整的，例如，在最后的关键帧已丢失时，如图6-24所示。

图6-24

（6）带有黑色箭头和淡绿色背景的帧表示为补间形状动画，如图6-25所示。

图6-25

（7）一个黑色圆点表示一个关键帧。

单个关键帧后面的浅灰色帧包含无变化的相同内容，即静态帧。这些帧带有垂直的黑色线条，而在整个范围的最后一帧还有一个空心矩形，如图6-26所示。

图6-26

（8）如出现一个小 a，则表示已使用"动作"面板为该帧分配了一个帧动作，如图6-27所示。

图6-27

（9）红色的小旗表示该帧包含一个标签，如图6-28所示。

animation

图6-28

（10）绿色的双斜杠表示该帧包含注释，如图6-29所示。

animation

图6-29

6.4 逐帧动画

终于可以开始做动画了，还等什么，赶紧开始吧！

6.4.1 创建逐帧动画

逐帧动画是指通过在每一帧中更改舞台内容来制作动画的方法。它最适合于图像在每一帧中都在变化而不仅是在舞台上移动的复杂动画。传统的手绘动画实际上就是逐帧动画。

创建逐帧动画,就是创建许多连续的关键帧,然后为每个关键帧创建不同的图像。下面亲自动手来制作第一个真正意义的动画吧!

 通过制作小鸟飞行的动画,练习创建逐帧动画的过程。

实例文件:exe6-2.fla

(1)启动Flash,创建一个新文件,在属性面板中,设置帧频为12 fps,舞台大小为720x576,并将其存为"exe6-2.fla"。

(2)默认状态下时间轴上第一帧为一个空白关键帧,在舞台上,利用各种绘图工具绘制一只小鸟的轮廓线,如图6-30所示。

图6-30

(3)为小鸟填上颜色。设置小鸟翅膀羽毛的颜色为#FFFF00;头上羽毛和爪子的颜色为#FF9900;鸟嘴的颜色为#FF6600;眼睛为#FFFFFF;眼珠为#000000,如图6-31所示。

图6-31

(4)在时间轴上单击第3帧,按F6键插入关键帧。在舞台上,在第一帧的基础上修改绘制小鸟飞行的第二个动作,如图6-32所示。

图6-32

(5)用同样的方法分别在第5帧、第7帧插入关键帧,并在前一关键帧的基础上修改绘制小鸟连续的飞行动作,如图6-33与图6-34所示。

图6-33　　　　图6-34

(6)在时间轴上单击第8帧,按F5键插入静态帧。这时时间轴上帧的分布如图6-35所示。

图6-35

(7)按Ctrl+Enter快捷键预览动画,发现一只可爱的小鸟在振翅飞翔。怎么样?有成就感吧?赶快把它保存下来。

6.4.2　使用洋葱皮工具

洋葱皮工具的原理来自于传统的手绘动画制作,在手绘动画制作过程中,为保证绘出的动画的连续性，常常将原画绘制在半透明的绘图纸上，在绘制下一帧的原画时，将已经绘好的前一帧或前几帧原画垫在下面作为参考。

在Flash中，洋葱皮工具共包括4个工具，在时间轴面板的下部，如图6-36所示。

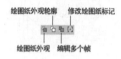

图6-36

1.绘图纸外观

通常情况下，在某个时间舞台上仅显示动画序列的一个帧。为便于定位和编辑逐帧动画，可以在舞台上一次查看两个或更多的帧。

单击【绘图纸外观】按钮，在时间轴上显示一个范围，如图6-37所示，在"起始绘图纸外观"和"结束绘图纸外观"标记之间的所有帧被重叠为舞台上的一个帧。播放头下面的帧用全彩色显示，其余的帧是暗淡的，看起来就好像每个帧是画在一张半透明的绘图纸上，而且这些绘图纸相互层叠在一起。暗淡的帧无法编辑，如图6-38所示。

图6-37　　　　图6-38

可以通过拖动【绘图纸外观】标记的位置来定义【绘图纸外观】的范围。

2.绘图纸外观轮廓

单击【绘图纸外观轮廓】按钮，可以

将播放头下面的帧用全彩色显示，其他具有绘图纸外观的帧显示为轮廓，如图6-39所示。这样更有利于当前帧的编辑。

3.编辑多个帧

单击【编辑多个帧】按钮，可以同时编辑绘图纸外观标记之间的所有帧，如图6-40所示。

图6-39　　　　　图6-40

 　在打开绘图纸外观时，不显示被锁定的图层。为避免出现大量使人感到混乱的图像，可锁定或隐藏不希望对其使用绘图纸外观的图层。

4.修改绘图纸标记

单击【修改绘图纸标记】按钮，弹出选项菜单，如图6-41所示，其中各个选项的含义如下。

始终显示标记
锚记绘图纸
绘图纸2 绘图纸5 所有绘图纸

图6-41

【始终显示标记】：不管绘图纸外观是否打开，都会在时间轴标题中显示绘图纸外观标记。

【锚记绘图纸】：将绘图纸外观标记锁定在它们在时间轴标题中的当前位置。通常情况下，绘图纸外观范围是和当前帧指针及绘图纸外观标记相关的。通过锚定绘图纸外观标记，可以防止它们随当前帧指针移动。

　　【绘图纸2】：在当前帧的两边各显示两个帧。

　　【绘图纸5】：在当前帧的两边各显示5个帧。

　　【所有绘图纸】：在当前帧的两边显示示所有帧。

6.5　传统补间动画

　　传统补间动画是Flash CS4之前版本中就用到的补间动画，包括运动补间动画和形状补间动画，只要创建好关键帧，Flash就能自动生成中间的补间过程。

6.5.1　创建运动补间动画

　　运动补间动画是最常用的一种补间动画，可以很容易地实现舞台中对象的移动、旋转、缩放、倾斜及色彩效果、滤镜等属性的动画效果。

　　下面通过实例来了解运动补间动画的制作流程。

　　通过制作一段标题动画，练习创建运动补间动画的步骤和编辑方法。
　　实例文件：exe6-3.fla

　　（1）启动Flash，创建一个新文件，在属性面板中，设置帧频为12 fps，舞台大小为720x576，其他为默认设置。

　　（2）利用工具箱中的【文本工具】在舞台中输入"动画王国"。【字体】设为"少儿简体"，【颜色】设为蓝色，如图6-42所示。

图6-42

　　（3）在时间轴的第50帧处按F6键插入关键帧，如图6-43所示。

图6-43

　　（4）在时间轴的帧序列上右击，从弹出的菜单中选择【创建传统补间】，这时时间轴变为黑色箭头和蓝色背景的色块，如图6-44所示，说明已经创建了传统补间。

图6-44

　　（5）单击第1帧，选择工具箱中的【任意变形工具】，按住Shift键等比例放大舞台中的文本对象，并将其移动到舞台的上方，如图6-45所示。

图6-45

（6）按Ctrl+Enter快捷键浏览动画，发现文本对象从舞台的上方由大到小落到舞台的中央。

（7）选择时间轴上的第1帧，打开属性面板，在【补间】项目下，单击【旋转】按钮，从弹出的选项列表中选择【逆时针】，并在右侧的文本输入栏中输入旋转圈数为3，如图6-46所示。

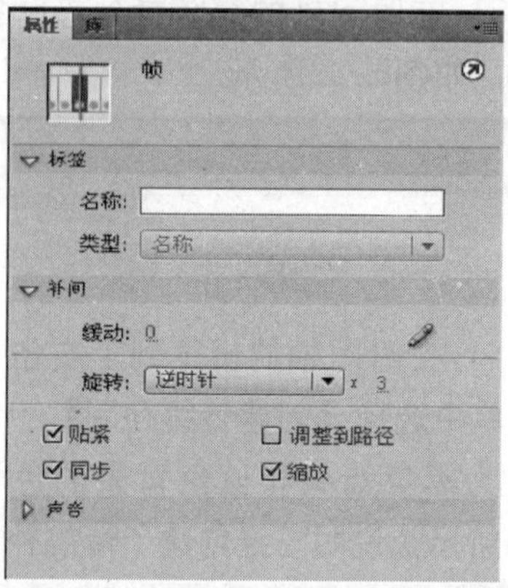

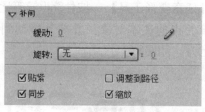

图6-46

在时间轴上运动补间的帧上单击，在属性面板中显示补间属性，如图6-47所示。其各项参数的含义如下。

图6-47

【缓动】：用于调整补间帧之间的运动变化速率，创建更为自然的加速或减速效果。在文本字段中可输入变化速率值。更为复杂的速度变化效果，可以单击【编辑缓动】按钮，在弹出的【自定义缓入/缓出】窗口中进行设置，如图6-48所示。

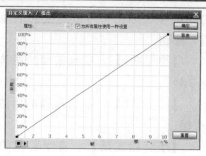

图6-48

【旋转】：可定义补间期间对象的旋转方式和旋转次数，单击该按钮弹出选项列表，如图6-49所示，从中选择旋转方式，在右侧的文本字段中输入旋转的次数。

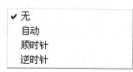

图6-49

【紧贴】：通过补间元素的注册点将补间元素附加到运动路径上。

【调整到路径】：将补间元素的基线调整到运动路径上。

【同步】：使图形元件实例的动画和主时间轴同步。

【缩放】：若补间的对象进行了大小缩放，需选择该选项以补间选定项目的大小。

（8）按Ctrl+Enter快捷键浏览动画，发现文本对象从舞台的上方由大到小旋转着落到了舞台的中央。

（9）将播放头放在第1帧，单击舞台中的文本对象，在属性面板中，【色彩效果】项目下，单击【样式】选项按钮，从弹出的选项列表中选择Alpha，拖动下面的Alpha数值条设为0，如图6-50所示。这时舞台上的文本对象变成全透明。

图6-50

（10）将播放头放在第10帧，按F6键插入关键帧，并在舞台中选择文本对象，同步骤（9）一样，在属性面板中设置Alpha数值为100，这时舞台中的文本对象又变回它的本来面目，如图6-51所示。

图6-51

（11）按Ctrl+Enter快捷键浏览动画，发现文本对象增加了淡入的效果。但是后半部分的运动速度太慢，并且标题没有到位。

（12）单击时间轴第50帧，将关键帧拖动到第20帧，后面的帧自动变为静态帧，如图6-52所示。

图6-52

（13）按Ctrl+Enter快捷键浏览动画，现在这段标题动画比较自然流畅了，将文件保存为"exe6-3.fla"。

在动画制作过程中，请注意属性面板的切换技巧：单击时间轴上的帧，属性面板显示的是帧的属性；单击舞台中的实例，显示的是实例的属性；单击舞台空白处显示的是舞台的属性。

6.5.2 粘贴传统补间属性

使用【复制/粘贴动画】命令可以复制传统补间，并且可以只粘贴要应用于其他对象的特定属性。

练习复制/粘贴传统补间属性动画的步骤和编辑方法。

实例文件：exe6-4.fla

（1）启动Flash，从配书素材\第6章下打开文件exe6-4.fla。文件中有3个图层，分别为蓝、红、黄3个五角星，"图层1"中已经做好了补间动画，如图6-53所示，下面将"图层1"的补间动画分别粘贴到"图层2"和"图层3"上。

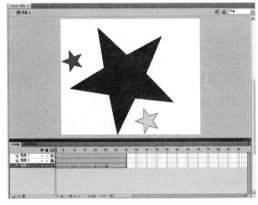

图6-53

（2）在时间轴中，拖动鼠标，选择包

含要复制的传统补间的帧，这儿框选前3个补间动画，注意不要将最后一个关键帧框选在内，否则无法复制。如图6-54所示。

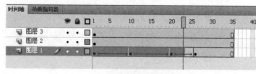

图6-54

（3）在选择的补间帧上右击，从弹出的菜单中选择【复制动画】，如图6-55所示。

图6-55

（4）在"图层2"的第一帧上右击，从弹出的菜单中选择【粘贴动画】，则"图层1"中对象的所有补间动画属性都复制给了"图层2"中的对象。如图6-56所示。

图6-56

（5）从时间轴上看，相当于把补间帧插入到了"图层2"的前面，选择第27帧处的关键帧，按Shift+F6快捷键删除，框选

35~60帧处的静态帧，按Shift+F5快捷键删除。如图6-57所示。

图6-57

（6）按Ctrl+Enter快捷键浏览动画，发现图层2中的红色五星和图层1中的蓝色五星按照完全相同的方式运动。

（7）在"图层3"的第一帧上右击，从弹出的菜单中选择【选择性粘贴动画】，这时弹出一个【粘贴特殊动作】窗口，列出了可以进行粘贴的传统补间的属性，只选择【X位置】和【Y位置】两项，其他都不选，如图6-58所示。

图6-58

（8）单击【确定】按钮，则图层1中对象位移的补间动画被粘贴到了图层3中黄色五星上，其他补间没有被复制，如图6-59所示。

图6-59

（9）同步骤（5）一样，将多余的帧

删除，如图6-60所示。

图6-60

（10）按Ctrl+Enter快捷键浏览动画，发现黄色的五星只是位移动画与蓝色五星一致，缩放和旋转没有变化。将做好的文件另存为exe6-4-1.fla。

6.5.3　形状补间动画

形状补间动画就是创建一个形状变形为另一个形状的动画。

形状补间最适合用于简单形状。避免使用有一部分被挖空的形状。也可以对补间形状内的形状的位置和颜色进行补间。

不能直接对组、实例、文本、位图图像应用形状补间，必须首先分离这些元素，将其转换为离散的对象才能应用形状补间。

 练习创建形状补间动画的步骤和编辑方法。
实例文件：exe6-5.fla

（1）启动Flash，创建一个新文件，舞台属性使用默认值。

（2）利用【多角星形工具】在舞台中央绘制一个黄色的五角星，如图6-61。现在想让这个五角星变为一朵红色的花。

图6-61

（3）在时间轴的第25帧按F6键，创建关键帧，在舞台上利用【选择工具】修改五角星为一朵花，并将颜色填充为红色，如图6-62所示。这时时间轴如图6-63所示。

图6-62

图6-63

（4）在时间轴的第一帧或其静态帧上右击，从弹出的菜单中选择【创建补间形状】，则时间轴上的帧变为带有黑色箭头和淡绿色背景的条块。如图6-64所示，说明已经创建了补间形状。

图6-64

（5）按Ctrl+Enter快捷键浏览动画，发现黄色的五角星自然过渡到红色的花朵。将文件存为"exe6-5.fla"。

6.5.4　使用形状提示

对于简单图形之间的变形可以通过直接创建形状补间即可实现，但是对于稍微复杂一点的图形之间的变形就容易形成补间的混乱，这需要使用【形状提示】来告诉 Flash 起始形状上的哪些点应与结束形状上的特定点对应。

1.使用形状提示的步骤

（1）选择补间形状序列中的第一个关键帧。

（2）选择【修改】|【形状】|【添加形状提示】，或按Ctrl+Shift+H快捷键。起始形状提示会在该形状的某处显示为一个带有字母 a 的红色圆圈。

（3）将形状提示移动到要标记的点。

（4）选择补间序列中的最后一个关键帧。结束形状提示会在该形状的某处显示为一个带有字母 a 的绿色圆圈。

（5）将形状提示移动到结束形状中与标记的第一点对应的点。

（6）重复这个过程，添加其他的形状提示。将出现新的提示，所带的字母紧接之前字母的顺序（b、c 等）。

形状提示包含从 a 到 z 的字母，用于识别起始形状和结束形状中相对应的点。最多可以使用26个形状提示。

起始关键帧中的形状提示是黄色的，结束关键帧中的形状提示是绿色的，当不在一条曲线上时为红色。

2.查看形状提示

选择【视图】|【显示形状提示】，或按Ctrl+Alt+H快捷键。仅当包含形状提示的图层和关键帧处于活动状态下时，"显示形状提示"才可用。

3.删除形状提示

（1）删除单个形状提示，只需将其拖离舞台。

（2）删除所有形状提示，选择【修改】|【形状】|【删除所有提示】。

4.使用形状提示应遵循的准则

（1）在复杂的补间形状中，需要创建中间形状后再进行补间，而不要只定义起始和结束的形状。

（2）确保形状提示是符合逻辑的。例如，如果在一个三角形中使用3个形状提示，则在原始三角形和要补间的三角形中它们的顺序必须相同。它们的顺序不能在第一个关键帧中是 abc，而在第二个中是 acb。

（3）如果按逆时针顺序从形状的左上角开始放置形状提示，它们的工作效果最好。

 练习使用形状提示来控制较为复杂的形状补间动画。

实例文件：exe6-6.fla

（1）启动Flash，从配书素材\第6章下打开文件exe6-6.fla。文件中第1帧是一座小房子，如图6-65所示，第20帧是一个南瓜头，如图6-66所示，下面要利用形状补间将小房子变为南瓜头。

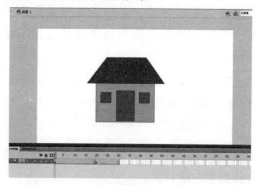

图6-65

图6-66

（2）在时间轴的第一帧上右击，从弹出的菜单中选择【创建补间形状】。

（3）按Ctrl+Enter快捷键浏览动画，发现在形状补间的中间出现了混乱，图6-67所示为第10帧的图形。需要使用形状提示来控制形状补间。

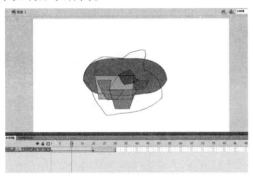

图6-67

（4）将播放头放在第1帧，按Ctrl+Shift+H快捷键添加形状提示a，并将其移到图6-68所示的位置。

（5）将播放头放在第20帧，将形状提示a移到图6-69所示的位置。

图6-68 　　　　图6-69

（6）用相同的方法，在第1帧中添加形状提示b、c、d、e、f，并按顺时针移到图6-70所示位置。在第20帧把各形状提示按相同的顺序移到相应的位置，如图6-71所示。

图6-70 　　　　图6-71

（7）按Ctrl+Enter快捷键浏览动画，现在形状补间动画已经变得自然流畅了，如图6-72所示。将文件另存为"exe6-6-1.fla"。

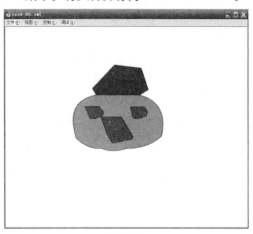

图6-72

本章小结

本章重点讲述了Flash中制作动画的基础知识和基本操作。必须掌握的知识点有：①帧的种类和基本操作；②【时间轴】面板的基本操作和认识；③【场景】面板的基本操作；④逐帧动画的制作方法和洋葱皮的运用方法；⑤运动补间动画的制作方法；⑥形状补间动画的制作方法和形状提示的运用方法。

习 题

1.选择填空题

（1）插入或增加静态帧的快捷键是（　）；创建新关键帧的快捷键是（　）；创建空白关键帧的快捷键是（　）。

A．F6　　　　　　　B．F5

C．F8　　　　　　　D．F7

（2）删除静态帧的快捷键是（　）；删除关键帧的快捷键是（　）；删除空白关

键帧的快捷键是（　　）

A．Shift+F6　　　　B．Shift+F5

C．Shift+F7　　　　D．Shift+F8

（3）打开【场景】面板的快捷键是（　　）

A．Shift+F3　　　　B．Shift+F2

C．Shift+F8　　　　D．Shift+F4

（4）传统补间动画包括（　　）

A．运动补间动画　　B．逐帧动画

C．形状补间动画　　D．补间动画

2.简答题

（1）请简要叙述逐帧动画和传统补间动画的区别是什么？

（2）请简要叙述运动补间动画的制作步骤。

（3）请简要叙述利用形状提示制作形状补间动画的步骤。

3.动手做

（1）利用逐帧动画制作一段小女孩跳绳的动画。

（2）利用逐帧动画和运动补间动画制作一段小女孩跳远的动画。

（3）利用形状补间动画制作一段茶壶变鸟的动画。

第7章　图层的应用

本章要点

1. 图层的基本操作方法。
2. 引导线动画的制作方法。
3. 遮罩动画的制作方法。

7.1 图层的基本操作

图层是Flash中的又一重要概念，用来组织文件中的对象，就像一层层的透明纸叠加在一起，可以在一个图层上绘制和编辑对象，而不会影响其他图层上的对象。在图层上没有内容的舞台区域中，可以透过该图层看到下面的图层。

7.1.1 认识图层

1. 图层控制编辑区

图层控制编辑区在时间轴面板上，如图7-1所示为图层的各项名称及含义。

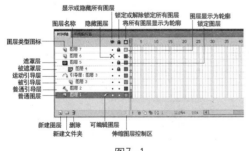

图7-1

本章所涉及的图层类型，如图7-1所示，共有6种：普通图层、普通引导层、运动引导层、被引导层、遮罩层、被遮罩层。其实Flash中还有其他图层类型，如补间动画图层、姿势图层等，在后面的章节

中介绍。

2. 图层属性窗口

在图层名称上右击，从弹出的图层快捷菜单中选择【属性】，如图7-2所示，则弹出图层属性窗口，如图7-3所示。

图7-2　　　　图7-3

也可以通过单击菜单栏中的【修改】｜【时间轴】｜【图层属性】来打开图层属性窗口。

在图层属性窗口中可以定义图层的名称、图层是否显示、是否为锁定、图层的类型、轮廓的颜色、是否以轮廓显示等。在后面还都有介绍。

最后一项为【图层高度】，用于定义图层的显示高度，单击右侧的小箭头，共有3种选择，如图7-4所

图7-4

示，100%为默认图层显示方式，200%使图层以两倍高度显示，300%使图层以3倍高度显示。如图7-5所示。

图7-5

7.1.2 图层的基本操作

图层的基本操作大部分在时间轴面板中完成，一部分操作命令可以通过图7-1中面板上的按钮完成，另一部分包含在图层快捷菜单中。在任意图层名称上右击，弹出图层快捷菜单，参见图7-2。

1.创建和删除图层

Flash中创建图层的方法有3种。

（1）单击菜单栏中的【插入】|【时间轴】|【图层】。

（2）单击时间轴面板下面的【新建图层】按钮。

（3）在时间轴面板上，在图层名称上右击，从弹出的图层快捷菜单中选择【插入图层】。

删除图层的方法有两种。

（1）选择要删除的图层，单击时间轴面板下面的【删除】按钮。

（2）在要删除的图层上右击，从弹出的图层快捷菜单中选择【删除图层】。

2.使用图层文件夹

通过图层文件夹，可以将图层放在一个树形结构中，这样有助于组织工作流程。要查看文件夹包含的图层可以展开或折叠该文件夹。文件夹中可以包含图层，也可以包含其他文件夹，可以像在计算机中组织文件一样来组织图层。

创建图层文件夹的方法也有3种。

（1）单击菜单栏中的【插入】|【时间轴】|【图层文件夹】。

（2）单击时间轴面板下面的【新建文件夹】按钮。

（3）在时间轴面板上，在图层名称上右击，从弹出的图层快捷菜单中选择【插入文件夹】。

删除图层文件夹的方法有两种。

（1）选择要删除的图层文件夹，单击时间轴面板下面的【删除】按钮。

（2）在要删除的图层文件夹上右击，从弹出的图层快捷菜单中选择【删除文件夹】。

删除图层文件夹将同时删除文件夹中所有的图层。

使用图层文件夹的步骤如下。

（1）利用上述方法创建文件夹。

（2）在时间轴面板中，利用鼠标拖动图层到图层文件夹下，则图层放到了图层文件夹中。图7-6所示为利用文件夹管理的图层。

图7-6

（3）可以单击文件夹名称左侧的小三角形，展开或折叠文件夹，也可以在文件夹名称上右击，从弹出的图层快捷菜单中选择【展开文件夹】、【折叠文件夹】、【展开所有文件夹】、【折叠所有文件夹】。

3.重命名图层和图层文件夹

重命名图层或图层文件夹的方法有3种。

（1）双击时间轴中图层或文件夹的名称，然后输入新名称。如图7-7所示。

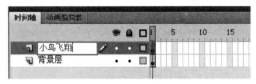

图7-7

（2）右击图层或文件夹的名称，然后从弹出的图层快捷菜单中选择【属性】。在【名称】框中输入新名称，然后单击【确定】按钮。

（3）在时间轴中选择该图层或文件夹，然后选择【修改】｜【时间轴】｜【图层属性】。在【名称】框中输入新名称，然后单击【确定】按钮。

4.选择图层或图层文件夹

（1）单击时间轴中图层或文件夹的名称。

（2）在时间轴中单击要选择的图层的任意一个帧。

（3）在舞台中选择要选择的图层上的一个对象。

（4）要选择连续的几个图层或文件夹，按住Shift键，在时间轴中单击它们的名称。

（5）若要选择几个不连续的图层或文件夹，按住Ctrl键，单击时间轴中它们的名称。

5.复制图层或图层文件夹的内容

复制图层内容的步骤如下。

（1）单击时间轴中要复制的图层名称，选择整个图层。

（2）在菜单栏中选择【编辑】｜【时间轴】｜【复制帧】（或按Ctrl+Alt+C快捷键）。

（3）单击时间轴中另一个图层的图层名称，选择整个图层。

（4）选择【编辑】｜【时间轴】｜【粘贴帧】（或按Ctrl+Alt+V快捷键）。则原图层中的内容粘贴到了新的图层中。

复制图层文件夹内容的步骤如下。

（1）折叠文件夹（单击时间轴中文件夹名称左侧的三角形），然后单击该文件夹的名称以选择整个文件夹。

（2）选择【编辑】｜【时间轴】｜【复制帧】（或按Ctrl+Alt+C快捷键）。

（3）单击另一个文件夹的名称。

（4）选择【编辑】｜【时间轴】｜【粘贴帧】（或按Ctrl+Alt+V快捷键），则原文件夹中的内容粘贴到了新文件夹中。

6.锁定或解锁一个或多个图层或图层文件夹

当一个图层中的内容基本完成后，为了防止被误操作，常常需要锁定该图层。图层一旦被锁定，图层中的内容将不能被编辑。锁定的图层在图层名称右侧的【锁定】列中显示为一个挂锁图标 🔒。

要锁定图层或文件夹，请单击该图层或文件夹名称右侧的【锁定】列。要解锁该图层或文件夹，请再次单击【锁定】列。

要锁定所有图层和文件夹，请单击图层控制区上面的挂锁图标 🔒。要解锁所有图层和文件夹，请再次单击它。

7.显示或隐藏图层或图层文件夹

时间轴中图层或文件夹名称旁边的红色X表示图层或文件夹处于隐藏状态。在发布设置中，可以选择在发布SWF文件时是否包括隐藏图层。

要隐藏图层或文件夹，请单击时间轴中该图层或文件夹名称右侧的【显示】列。要显示图层或文件夹，请再次单击它。

要隐藏时间轴中的所有图层和文件夹，请单击眼睛图标 ▨ 。若要显示所有图层和文件夹，请再次单击它。

8.以轮廓查看图层上的内容

可以使用彩色轮廓显示图层上的所有对象来区分对象所属的图层。不同图层中对象轮廓的颜色也不同。如图7-8所示。

要将图层上所有对象显示为轮廓，请单击该图层名称右侧的【轮廓】列。要关闭轮廓显示，请再次单击它。

要将所有图层上的对象显示为轮廓，请单击轮廓图标 ▢ 。要关闭所有图层上的轮廓显示，请再次单击它。

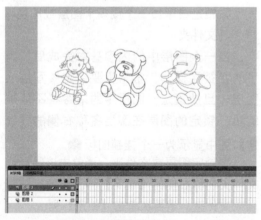

图7-8

> 对于【显示】、【锁定】、【轮廓】有一个相似的操作技巧，在实际操作中经常用到，以【锁定】为例，具体方法为：要锁定或解锁多个图层或文件夹，可在【锁定】列中按住鼠标左键在相应的图层上拖动。
>
> 按住Alt键单击当前图层或文件夹的【锁定】列，则除该图层或文件夹以外的其他图层均被锁定，若要解锁，再次按住Alt键单击该【锁定】列即可。

9.更改图层的轮廓颜色

可以更改图层的轮廓颜色，具体操作步骤如下。

（1）请执行下列操作之一。

①双击时间轴中图层的图标（即该图层名称左侧的图标）。

②右击该图层名称，然后从图层快捷菜单中选择【属性】。

③在时间轴中选择该图层，然后选择【修改】|【时间轴】|【图层属性】。

（2）在【图层属性】对话框中，单击【轮廓颜色】框，选择一种新颜色，如图7-9所示，再单击【确定】按钮。

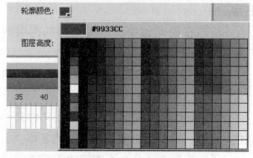

图7-9

注：图层上的运动路径也使用图层轮廓颜色。

10. 分散到图层

在Flash动画制作中，有时需要把不同的对象放到不同的图层中，以方便动画制作。Flash提供了一个非常方便的命令：【修改】|【时间轴】|【分散到图层】（快捷键为Ctrl+Shift+D）。具体使用步骤通过下面的实例来介绍。

 通过制作分散到图层的动画来学习制作过程。

实例文件：exe7-1.fla

（1）启动Flash，新建一个文件。

（2）在舞台上输入"分散到图层"5个字，如图7-10所示，选择输入的文字并按Ctrl+B快捷键，则每一个字被分离为一个对象，都选中它们。

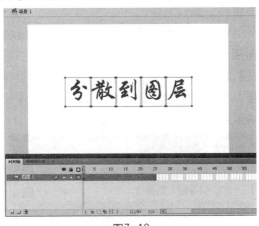

图7-10

（3）选择菜单栏中的【修改】|【时间轴】|【分散到图层】（快捷键为Ctrl+Shif+D）。则舞台中的不同对象被放置到了不同的图层中。如图7-11所示。

图7-11

现在就可以对每一个字在不同的图层中单独制作动画了。

7.2 引导线动画

引导层是Flash中的特殊图层，分为普通引导层和运动引导层。它是一种辅助图层，在该图层中的对象本身不会显示在最后发布的SWF文件中。

7.2.1 普通引导层

普通引导层是一种辅助图层，可以帮助其他图层上的对象与在引导层上创建的对象对齐。

任何图层都可以作为普通引导层。只需在图层名称上右击，从弹出的图层快捷菜单中选择【引导层】，图层名称左侧出现小锤子图标，表明该层成为普通引导层。如图7-12所示。

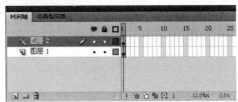

图7-12

在普通引导层上右击，再次从弹出的图层快捷菜单中选择【引导层】，则普通引导层又转换回普通图层。

如果将其他图层拖到普通引导层的下面，则普通引导层就转换为运动引导层。为了防止意外转换普通引导层，可以将所有的普通引导层放在图层顺序的底部。

7.2.2　运动引导层

运动引导层是在动画制作中用来绘制运动路径的图层，可以制作对象沿着路径运动的动画。

运动引导层至少与一个图层相连，与其相连的图层称为被引导层，该图层在运动引导层下面以缩进形式显示，该图层上的所有对象自动与运动路径对齐。被引导层中的对象沿着运动引导层中设置的路径移动。

1.创建运动引导层

可以通过下面两种方法来创建运动引导层。

（1）将一个图层拖到普通引导层的下面，则普通引导层就转换为运动引导层。

（2）在一个普通图层名称上右击，从弹出的图层快捷菜单中选择【添加传统运动引导层】，则在该图层的上面添加了一个运动引导层。图层名称左侧的辅助线图标表明该层是运动引导层。如图7-13所示。

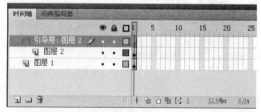

图7-13

2.断开图层与运动引导层的链接

选择要断开链接的图层，然后执行下列操作之一。

（1）拖动运动引导层下面的被引导层。

（2）选择【修改】|【时间轴】|【图层属性】，然后选择【一般】作为图层类型。

7.2.3　引导线动画

引导线动画就是在运动引导层中绘制一条曲线，使被引导层中的对象沿着曲线运动。控制对象运动轨迹的这条曲线叫作引导线。

1.引导线动画的制作步骤

创建引导线动画的基本制作步骤如下。

（1）在一个普通图层上绘制或添加将要进行动画的对象。

（2）右击该图层的名称，从弹出的图层快捷菜单中选择【添加传统运动引导层】。在该图层的上方添加了一个运动引导层，并缩进该图层的名称，以表明该图层已绑定到该运动引导层。如图7-14所示。

图7-14

（3）选择运动引导层，使用钢笔、铅笔、线条、圆形、矩形或刷子等工具绘制所需的路径。也可以将笔触粘贴到运动引导层。

（4）在第一帧，拖动被引导层中的对

象，使其贴紧至引导层中路径的开头。

（5）在动画的最后一帧，在被引导层上按F6键创建关键帧，并在帧序列上标右击，从弹出的菜单中选择【创建传统补间】。也就是创建传统补间动画，将在第9章中详述。在引导层上按F5键创建静态帧。如图7-15所示。

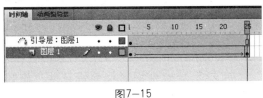

图7-15

（6）在最后一个帧中，将被引导层中的对象贴紧至路径的末尾。当播放动画时，对象将沿着运动路径移动。

下面通过实例来练习这种动画方式的制作步骤。

动手做　通过制作落叶纷飞的动画，学习引导线动画的制作过程。
实例文件：exe7-2.fla

（1）启动Flash，新建一个文件，在属性面板中设置舞台大小为550×400，设置舞台背景色为#EEFFAC。将文件另存为exe7-2.fla。

（2）按Ctrl+F8键打开创建新元件窗口，输入元件名称"叶子"，元件类型为【图形】，如图7-16所示。

图7-16

（3）按【确定】按钮创建一个新元

件，在舞台上利用工具箱中的绘图工具绘制一片叶子的轮廓，如图7-17所示。

（4）选择【颜料桶工具】，并按Shift+F9快捷键打开混色器面板，选择填充类型为放射状，渐变颜色条两端的颜色分别设置为#FF0000、#FFCC00，如图7-18所示。

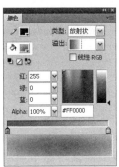

图7-17　　　　图7-18

（5）单击舞台中树叶的中央，填充树叶。为了更好看，可删除轮廓线。如图7-19所示。

图7-19

（6）按Ctrl+F8快捷键打开【创建新元件】窗口，输入元件名称"旋转叶子"，元件类型为【影片剪辑】，如图7-20所示。

图7-20

（7）单击【确定】按钮创建新元件，从库中把元件"叶子"拖到舞台上，单击时间轴的第5帧，按F6键创建关键帧，利用【任意变形工具】旋转并变形树叶，效果如图7-21所示。

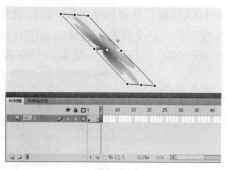

图7-21

（8）在第1帧上右击，从弹出的菜单中选择【复制帧】，然后在第25帧上右击，从弹出的菜单中选择【粘贴帧】，使树叶从第1帧到第25帧为一个循环。如图7-22所示。

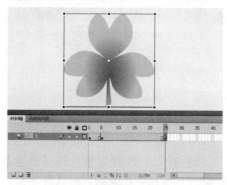

图7-22

（9）在两个关键帧之间的帧上右击，从弹出的菜单中选择【创建传统补间】，如图7-23所示，再次单击第5帧，在属性面板中设置【旋转】方式为【顺时针】，【旋转次数】为1，树叶随意旋转的传统补间动画效果就完成了。

（10）单击舞台左上方的【场景1】按钮回到场景状态，在时间轴上"图层1"的名称上双击，将图层重新命名为"叶子"。

图7-23

（11）从库中把影片剪辑元件"旋转叶子"拖入到舞台上方。在第50帧处按F6键定义关键帧，并把实例"旋转叶子"移到舞台底部。然后在时间轴上创建传统补间动画。如图7-24所示。

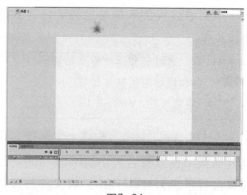

图7-24

（12）下面制作实例"旋转叶子"沿路径飘落的过程。在图层"叶子1"的名称上右击，从弹出的菜单中选择【添加传统运动引导层】，则在图层"叶子1"上添加了一个新的图层，称为运动引导层，如图7-25所示。

图7-25

（13）利用工具箱中的【铅笔工具】在舞台上随意绘制一条弯弯曲曲的曲线作为树叶的飘落轨迹，这时舞台上的实例"旋转叶子"的中心在第1帧处自动吸附在曲线的一端，如图7-26所示。

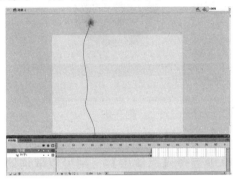

图7-26

（14）将播放头拖到第50帧，选择【选择工具】并开启【紧贴至对象】选项，在舞台上拖动实例"旋转叶子"使其吸附在曲线的另一端。如图7-27所示。

图7-27

（15）按Ctrl+Enter快捷键浏览动画，发现树叶旋转着沿着绘制的曲线路径飘落下来。

（16）利用相同的方法，制作更多的树叶飘落的效果。为了使树叶飘落的效果更加自然，可以把不同的叶子摆放在不同的位置，不同的出场顺序，不规则的引导线，以及树叶飘落速度也不一样。如图7-28所示。

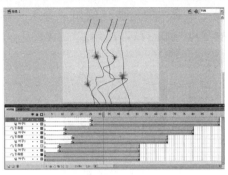

图7-28

（17）再次按Ctrl+Enter快捷键浏览动画，发现树叶纷纷飘落，自然流畅。赶快保存起来吧！如果再加上一幅秋天的背景，效果会更好，不妨自己试一试。

7.3 遮罩动画

遮罩层是Flash中的又一特殊图层，利用它可以制作一些特殊的效果，如聚光灯效果、窗子效果、过渡变换效果等。

7.3.1 遮罩图层

使用遮罩层可以创建一个孔，通过这个孔可以看到下面的图层。在遮罩中的任何填充区域都是完全透明的；而任何非填充区域都是不透明的。就像一个窗子一样，透过它可以看到位于它下面的链接层区域。

遮罩层中的遮罩项目可以是填充的形状、文字对象、图形元件或影片剪辑元件的实例。

一个遮罩层只能包含一个遮罩项目。遮罩层不能在按钮内部，也不能将一个遮罩应用于另一个遮罩。

创建遮罩层的操作步骤如下。

（1）选择或创建一个图层，其中包含

出现在遮罩中的对象。例如，导入一幅漂亮的图片，如图7-29所示。

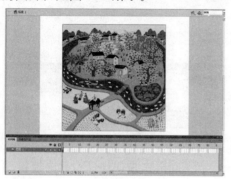

图7-29

（2）选择【插入】|【时间轴】|【图层】，或在时间轴面板上单击【新建图层】按钮，以在其上创建一个新图层。

（3）在新图层上放置填充形状、文字或元件的实例。例如，利用【椭圆工具】绘制一个椭圆，可以使用任何颜色，如图7-30所示。

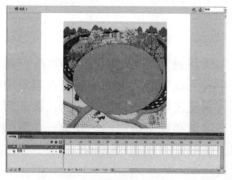

图7-30

（4）在时间轴中的新图层名称上右击，从弹出的图层快捷菜单中选择【遮罩】。则出现一个遮罩层图标，表示该层变为遮罩层。紧贴它下面的图层将链接到遮罩层，其内容会透过遮罩上的填充区域显示出来。被遮罩的图层的名称将以缩进形式显示，其图标将更改为一个被遮罩的

图层的图标。而且遮罩层和被遮罩层同时被锁定，如图7-31所示。

图7-31

再次在遮罩层上右击，从弹出的快捷菜单中选择【遮罩层】，则可以取消遮罩层效果。

遮罩效果必须在遮罩层和被遮罩层同时被锁定时才出现，若需要编辑遮罩层和被遮罩层中的内容，必须先取消图层的锁定状态。

7.3.2 遮罩层动画

可以让遮罩层动起来，制作如探照灯的动画效果。

对于用作遮罩的填充形状，可以使用补间形状；对于类型对象、图形实例或影片剪辑，可以使用传统补间动画或补间动画。当使用影片剪辑实例作为遮罩时，还可以让遮罩沿着运动路径运动。

 利用遮罩层动画，制作把标题字幕通过划像方式划出的动画效果。
实例文件：exe7-3.fla

（1）启动Flash，新建一个文件，在属性面板中设置舞台大小为720×576，背景颜色为#6565FF，将文件另存为"exe7-3.fla"。

（2）利用工具箱中的【文本工具】

在舞台中央输入字幕"遮罩层动画"，并在属性面板中设置【字体】为【粗圆简体】，【大小】为100，【字母间距】为10，【颜色】为白色，如图7-32所示。

图7-32

（3）在时间轴面板上单击【新建图层】按钮，新建一个图层，默认名称为"图层2"，在新图层上利用工具箱中的【矩形工具】在舞台上从右到左绘制一串长条，长条逐渐加宽，确保最后一个能够完全覆盖"图层1"中的字幕，如图7-33所示。

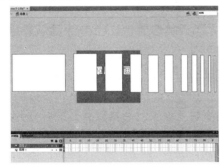

图7-33

（4）单击"图层2"的第一帧，全选舞台中的长条，按Ctrl+G快捷键将它们组合在一起。

（5）单击"图层1"的第50帧，按F5键创建静态帧，同样在"图层2"上创建静态帧，如图7-34所示。

图7-34

（6）拖动"图层2"中的长条组合到舞台的左侧，如图7-35所示。

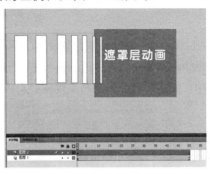

图7-35

（7）单击"图层2"的第30帧，按F6键创建关键帧，并将舞台中的长条组合向右拖动，使最后一个长条正好覆盖住"图层1"中的字幕，如图7-36所示。

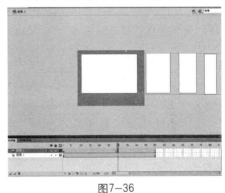

图7-36

（8）在"图层2"的第一帧上右击，从弹出的快捷菜单中选择【创建传统补间】。如图7-37所示。

图7-37

（9）在"图层2"的名称上右击，从弹出的图层快捷菜单中选择【遮罩层】，则"图层2"变为遮罩层，"图层1"变为被遮罩层。如图7-38所示。

图7-38

（10）按Ctrl+Enter快捷键浏览动画，发现字幕"遮罩层动画"通过划像的方式出现在舞台中，如图7-39所示。将文件保存起来。

图7-39

 利用引导线动画和遮罩层动画，制作探照灯的动画效果。

学习让遮罩沿着运动路径运动的技巧。

实例文件：exe7-4.fla

（1）启动Flash，新建一个文件，在属性面板中设置舞台大小为500×495，将文件保存为"exe7-4.fla"。

（2）单击【文件】|【导入】|【导入到库】，从弹出的窗口中，在"第7章"目录下选择文件"背景图片.jpg"，如图7-40所示，单击【打开】按钮，则图片被导入到当前文件的库中。

图7-40

（3）按Ctrl+F8快捷键，弹出【创建新元件】窗口，设置元件类型为【图形】，如图7-41所示，单击【确定】按钮创建图形元件。

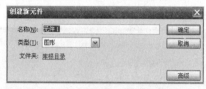

图7-41

（4）从【库】中把图片拖到舞台上元件编辑窗口，如图7-42所示。

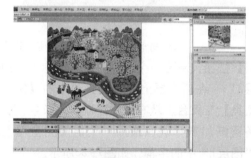

图7-42

（5）单击舞台左上方的【场景1】按钮回到舞台编辑状态，从【库】中把图形元件拖到舞台上，使其正好与舞台对齐。

（6）单击舞台上的图形元件实例，在属性面板上设置【色彩效果】的样式为【亮度】，并把下面的亮度条的值设为-74，如图7-43所示。

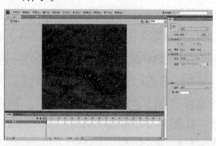

图7-43

（7）单击时间轴面板上的【新建图层】按钮创建新图层，再次从库中把图形元

件拖到"图层2"的舞台上，并在按住Shift键的同时选择"图层1"的第一帧，然后按Ctrl+K快捷键打开对齐面板，利用其中的命令使两图层中的实例完全对齐，如图7-44所示。

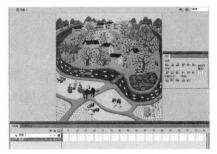

图7-44

（8）按Ctrl+F8快捷键，弹出【创建新元件】窗口，输入元件名称为"探照灯"，设置元件类型为【影片剪辑】，如图7-45所示，单击【确定】按钮创建影片剪辑元件。

图7-45

（9）选择工具箱中的【椭圆工具】，将【填充颜色】设为蓝色，在选项栏中选择【对象绘制】，按住Shif键在影片剪辑元件的编辑区绘制一个圆，并在时间轴上1～50帧之间创建传统补间，使圆对象从左向右运动，如图7-46所示。

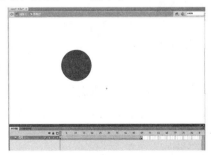

图7-46

（10）在图层名称上右击，从弹出的图层快捷菜单中选择【添加传统运动引导层】，在引导层中利用【铅笔工具】随意绘制一条曲线作为探照灯的运动路线。则圆对象在第1帧自动吸附在曲线的一端，如图7-47所示。

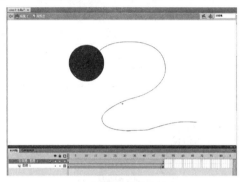

图7-47

（11）将播放头拖到第50帧，利用【选择工具】拖动圆对象到曲线的另一端，使其吸附在曲线上，如图7-48所示，则圆对象沿着曲线路径运动。这样探照灯沿路径运动的影片剪辑元件就完成了。

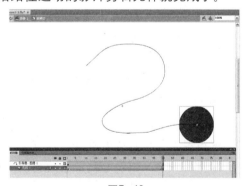

图7-48

（12）单击舞台左上方的【场景1】按钮回到舞台编辑状态，单击时间轴面板上的【创建新图层】按钮创建"图层3"图层。从【库】中把"探照灯"影片剪辑元件拖到舞台的左上角，如图7-49所示。

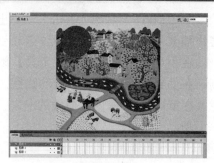

图7-49

（13）分别单击每个图层的第50帧并按F5键创建静态帧，在"图层3"的名称上右击，从弹出的图层快捷菜单中选择【遮罩层】，效果如图7-50所示。

图7-50

（14）按Ctrl+Enter快捷键浏览动画，如发现探照灯的位置不对，可以单击遮罩层的【锁定】图标解除锁定，重新调整探照灯的位置，然后再单击【锁定】图标添加锁定即可。别忘了保存文件！

 在Flash中无法让含有引导线动画的图层直接作为遮罩层，但可以如上例一样，把引导线动画放到影片剪辑元件中，然后再把该元件放到遮罩层，从而实现让遮罩沿着运动路径运动的效果。

本章小结

本章重点讲述了Flash中图层的基本操作和相应的动画方式。必须掌握的知识点有：①图层的基本操作：图层的创建和删除、选择、复制、锁定、轮廓显示等；②引导线动画的制作方法；③遮罩动画的制作方法。

习 题

1.选择填空题

（1）要选择连续的几个图层，需要按住（　　　　）键；要选择几个不连续的图层，需要按住（　　　　）键。

　A．Ctrl　　　　　　　B．Alt

　C．Shift　　　　　　　D．Tab

（2）运动引导层至少与一个（　　　　）图层相连。

　A．普通图层　　　　B．被引导层

　C．普通引导层　　　D．遮罩层

（3）遮罩层中的遮罩项目可以是（　　　）

　A．填充的形状

　B．文字对象

　C．图形元件

　D．影片剪辑元件的实例

2.简答题

（1）请简要叙述创建引导线动画的基本步骤。

（2）请简要叙述创建遮罩层动画的基本步骤。

3.动手做

（1）利用学过的【分散到图层】命令、引导线动画，为"卡通儿童乐园"制作一个标题动画片头，要求"卡通儿童乐园"6个字分别从不同方向旋转飞进屏幕。

（2）利用遮罩层动画的方式，为（1）中制作的片头中的标题字幕加上一个飞光的效果。

 第8章 元件、实例和库

本章要点

1.元件、实例和库的基本概念和相互关系。
2.元件、实例和库的创建方法和基本操作。

8.1 元件、实例和库的概念

元件是存放在元件库中的各种图形、按钮、动画及外部导入的位图、声音和视频文件等。元件是Flash中非常重要的概念，可以在一个文件中或其他文件中重复使用同一个元件，从而有效降低动画的文件大小，提高动画制作的效率。

实例是指位于舞台上或嵌套在另一个元件内的元件副本。实例可以与它的元件在颜色、大小和功能上有差别。编辑元件会更新所有使用该元件的实例。

库是存放和管理元件的地方。

也就是说，把元件从库中拖到舞台上就成了实例，同一个元件可以在舞台上创建不同的实例。一个元件也可以拖放到另一个元件中，这时被拖入的元件也成了实例。总之，只要元件脱离了库，就变成了实例。

8.2 元件

8.2.1 元件的类型

根据组成元件的元素类型和功能，可以把元件分为图形元件、按钮元件、影片剪辑元件、字体元件、位图元件、音频元件、视频元件。前4个类型的元件是在Flash中创建的，后3个类型的元件是从外部导入的。图8-1所示为各种元件在库中的不同图标显示。

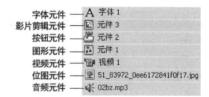

图8-1

图形元件：可用于静态图像，也可用来创建链接到主时间轴的可重复使用的动画片段。图形元件与主时间轴同步运行。交互式控件和声音在图形元件的动画序列中不起作用。

按钮元件：可以创建用于响应鼠标单击、滑过或其他动作的交互式按钮。可以定义与各种按钮状态关联的图形，然后将动作指定给按钮实例。

影片剪辑元件：可以创建可重复使用的动画片段，拥有独立于主时间轴的多帧时间轴，它本身就是一段小动画。可以包含交互式控件、声音甚至其他影片剪辑实例。也可以将影片剪辑实例放在按钮元件的时间轴内，以创建动画按钮。

字体元件：使用字体元件可以导出字

体并在其他 Flash 文件中使用该字体。

位图元件、音频元件和视频元件：都属于外部导入的元件，在相应的章节中都有介绍，这里不再赘述。

8.2.2 创建图形元件

在Flash动画制作过程中，创建元件的方法一般有两种。

方法一：创建空白元件，然后在元件的编辑窗口中添加内容。具体步骤如下。

（1）单击菜单栏中的【插入】│【新建元件】，或按Ctrl+F8快捷键，弹出【创建新元件】窗口，如图8-2所示。

图8-2

（2）在【名称】栏中输入新建元件的名称，单击【类型】选项钮，弹出类型选项列表，从中选择所要创建的元件类型。如图8-3所示。

图8-3

（3）单击【确定】按钮，进入到元件的编辑状态，如图8-4所示，这时元件已经存在于【库】中，只是个空白元件。原来的舞台位置变成元件的编辑区域。

图8-4

（4）在元件的编辑区域绘制元件内容。一个新的元件就完成了。

方法二：选择舞台中已有的对象，将其转换为元件。具体步骤如下。

（1）利用【选择工具】选择舞台中已有的对象，然后单击【修改】│【转换为元件】或按快捷键F8，弹出【转换为元件】窗口，如图8-5所示。

图8-5

（2）同方法一一样，定义元件名称、设置元件类型、【注册】区域定义元件的中心点，然后单击【确定】按钮即可。

下面通过两个实例来练习这两种创建元件的方法。

 通过这个练习，学习利用创建空白元件的方法来创建图形元件的步骤。
实例文件：exe8-1.fla

（1）启动Flash，新建一个文件，另存为exe8-1.fla。

（2）单击菜单栏中的【插入】｜【新建元件】，或按Ctrl+F8快捷键，弹出【创建新元件】窗口，如图8-6所示。

图8-6

（3）在【名称】栏中输入新建元件的名称，此处输入"小蘑菇"。单击【类型】选项钮，弹出类型选项列表，如图8-7所示，从中选择【图形】（一般默认状态下为【图形】，这步可跳过）。

图8-7

（4）单击【确定】按钮，进入到图形元件的编辑状态，如图8-8所示，注意看一下，这时"小蘑菇"元件已经存在于【库】中，只是个空白元件。原来的舞台位置变成元件的编辑区域。

图8-8

（5）在图形元件的编辑状态下，可以使用Flash工具箱中的所有绘图工具来绘制

图形，也可以输入文本或导入外部图形。在这儿利用相应工具绘制一个美丽的小蘑菇，如图8-9所示。

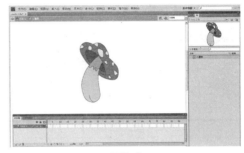

图8-9

新建的图形元件"小蘑菇"自动保存在库中，这在【库】面板中也显示出来。在图8-9所示的右侧库面板。

（6）单击舞台左上角的场景名称，回到场景的编辑舞台状态。这样"小蘑菇"图形元件就创建完成。可以供创建场景或其他元件来调用。

（7）单击【文件】｜【保存】来保存文件。

通过这个练习，学习利用选择舞台中已有的对象，将其转换为元件的步骤。实例文件：exe8-2.fla

（1）启动Flash，从配书素材\第8章下打开文件exe8-2.fla。文件的舞台中有一个已经绘制好的小鸟，如图8-10所示。

图8-10

（2）利用【选择工具】将小鸟选中。然后单击【修改】｜【转换为元件】或按快捷键F8，弹出【转换为元件】窗口，如图8-11所示。

图8-11

（3）在【名称】文本框中输入元件的名称"小鸟"，【类型】项选择为【图形】，【注册】区域定义元件的注册点。如图8-12所示。

图8-12

（4）单击【确定】按钮。则一个名称为"小鸟"的元件自动创建在元件库中，如图8-13所示。

图8-13

8.2.3　创建按钮元件

按钮元件是Flash中的一个特殊元件，它是用于响应鼠标单击、滑过或其他动作的交互式按钮。类似于创建图形元件，创建按钮元件同样也有两种方法，其步骤也基本相同，下面就通过具体实例来学习。

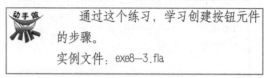

通过这个练习，学习创建按钮元件的步骤。

实例文件：exe8-3.fla

（1）启动Flash，新建一个文件，另存为exe8-3.fla。

（2）单击菜单栏中的【插入】｜【新建元件】，从弹出的窗口中设置元件【名称】为"我的按钮"，【类型】为【按钮】，如图8-14所示。

图8-14

（3）单击【确定】按钮，进入按钮元件的编辑状态，在时间轴上出现了按钮的4种状态，如图8-15所示。默认状态下指针在【弹起】状态。

图8-15

按钮元件的4种状态如图8-16所示。

Flash 2D
Animation Tutorial

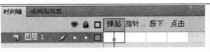

图8-16

【弹起】：指按钮的初始状态，即鼠标没有接触按钮时的状态。

【指针…】：指鼠标移到按钮上面但没有按下鼠标时的状态。

【按下】：指鼠标移到按钮上面并且按下鼠标时的状态。

【点击】：定义鼠标有效的点击区域，可以使用按钮元件的点击状态来制作隐形按钮。

（4）利用工具箱中的【基本矩形工具】和【文本工具】，在舞台上绘制一个按钮形状并在上面输入"点击进入"文字，图8-17所示为按钮【弹起】时的状态。

图8-17

（5）在时间轴上单击【指针…】下的空白区并按F7键插入空白关键帧，单击【弹起】下的关键帧，并按Ctrl+C快捷键复制该帧，单击【指针…】下的空白关键帧并按Ctrl+Shift+V快捷键将【弹起】状态的按钮形状粘贴到当前位置。如图8-18所示。

图8-18

（6）将按钮由蓝色色调改为绿色色调，如图8-19所示。当鼠标移到按钮上时按钮由蓝色变为绿色。

图8-19

（7）用同步骤（5）一样的方法，在【按下】状态的下面插入空白关键帧并复制【弹起】状态的按钮形状到当前位置。然后将按钮由绿色色调改为黄色色调。如图8-20所示。

图8-20

（8）按钮元件创建完毕，单击舞台左上角的场景名称，回到场景编辑状态。单击【库】面板，可以看到刚刚创建的按钮元件"我的按钮"。如图8-21所示。

图8-21

（9）将"我的按钮"元件拖到舞台上，保存文件。按Ctrl+Enter快捷键预览刚刚创建的按钮效果。

类似于创建图形元件，也可以通过选择舞台中已经建好的对象，将其转换为按钮元件，转换过来的对象自动作为按钮元件的【弹起】状态，其他几种状态的创建与上面介绍的一样。

8.2.4 创建影片剪辑元件

影片剪辑元件在Flash动画制作中经常用到，对于比较长的动画，常常把一个分镜作成一个影片剪辑元件，最后在主时间轴上串联起来。

创建影片剪辑元件的方法与创建图形元件的方法完全一样，所不同的是影片剪辑元件中可以添加声音、交互控件，制作独立于主时间轴的动画片段。

下面还是通过实例来熟悉创建影片剪辑元件的具体流程。

将舞台上的动画转换为影片剪辑元件，以及影片剪辑元件在动画制作中的应用。

实例文件：exe8-4.fla

（1）启动Flash，从配书素材\第8章下打开文件exe8-4.fla。这是一段在主时间轴上已经做好的逐帧动画片段，如图8-22所示。

图8-22

（2）在【时间轴】面板中选择整段动画的帧序列，然后在选择的帧序列上右击，从弹出的菜单中选择【复制帧】，如图8-23所示。

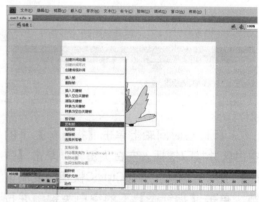

图8-23

（3）单击菜单栏中的【插入】|【新建元件】或按Ctrl+F8快捷键，弹出【创建

新元件】窗口，并在【名称】栏输入"飞鸟"，【类型】项选择【影片剪辑】，如图8-24所示。

图8-24

（4）单击【确定】按钮，进入影片剪辑元件编辑状态，如图8-25所示。

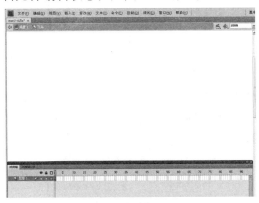

图8-25

（5）在时间轴的第一帧上右击，从弹出的菜单中选择【粘贴帧】，则舞台中的动画被粘贴到了影片剪辑元件中。如图8-26所示。

图8-26

（6）单击舞台左上角的场景名称，回

到场景编辑状态。单击【库】面板，可以看到刚刚创建的影片剪辑元件"飞鸟"。

（7）再次在【时间轴】面板中选择整段动画的帧序列，按Shift+F5快捷键将其删除。将鼠标指针放在【时间轴】的第一帧，按F7键插入空白关键帧，在【库】面板中选择影片剪辑元件"飞鸟"，将其拖到舞台上，并在第一帧处调整其大小和位置，如图8-27所示。

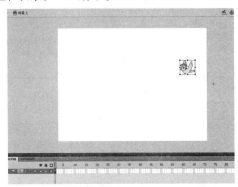

图8-27

（8）单击时间轴上第50帧，按F5键将第一帧扩展到第50帧，再右击，从弹出的菜单中选择【创建补间动画】。

（9）在第50帧处拖动舞台上的"飞鸟"到新的位置，并稍微放大一些，自动生成新的关键帧。如图8-28所示。

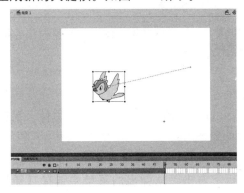

图8-28

（10）另存文件为exe8-4-1.fla，按Ctrl+Enter快捷键预览动画，发现小鸟从远处飞来。影片剪辑元件中的动画与主时间轴上的动画复合在了一起。

 在Flash动画制作中，常常利用影片剪辑元件的特点，制作复合动画，即在元件的内部已经有动画效果，再把这个元件放到场景中或其他元件中再次制作另一种动画效果。从而使几种动画效果在最后预览和输出时重叠在一起，轻松制作出复杂的动画效果。

8.2.5 创建字体元件

在Flash动画制作中，经常用到文字，这些文字的字体用的是Windows系统的字体，当把动画文件拿到其他计算机上运行时，就会经常出现字体不符的现象，因为所用的字体其他计算机上可能没有。

可以在 SWF 文件中嵌入字体，这样最终回放该 SWF 文件的设备上无须存在该种字体。若要嵌入字体，就要创建字体元件，下面通过一个实例来介绍字体元件的创建和应用过程。

 学习字体元件的创建过程及实际应用步骤。

实例文件：exe8-5.fla

（1）启动Flash，新建一个文件，另存为exe8-5.fla。

（2）打开要添加字体元件的库。在库面板上右击，从弹出的菜单中选择【新建字型】。如图8-29所示。

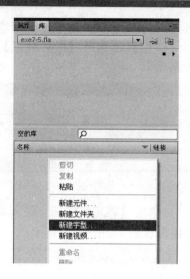

图8-29

（3）在弹出的字体元件属性窗口中，设置元件的【名称】为"剪纸字体"，【字体】项设为【方正剪纸简体】。如图8-30所示。

图8-30

（4）单击【确定】按钮，在库中自动生成字体元件"剪纸字体"，如图8-31所示。

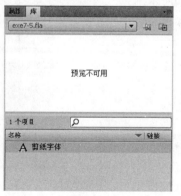

图8-31

（5）选择工具栏中的【文本工具】，在舞台中央输入"欢度春节"。在文本属性面板中，单击【设置字体系列】按钮，从弹出的字体选择列表中选择刚刚创建的字体元件【剪纸字体】，如图8-32所示。

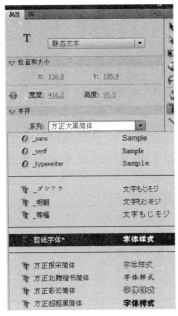

图8-32

（6）设置【字母间距】为22，【字体颜色】为红色，则舞台中的字体效果如图8-33所示。

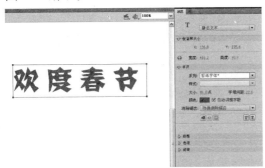

图8-33

（7）保存文件，按Ctrl+Enter快捷键

预览，则输出的文件exe8-5.swf和原文件exe8-5.fla都自身带了"剪纸字体"，可以在其他任何计算机中打开该字体。

> 字体元件属性设置窗口中，如图8-30所示。
>
> （1）【样式】菜单只适用于包含字体样式的字体。
>
> （2）如果所选字体不包括粗体或斜体样式，则可以选中【仿粗体】或【仿斜体】复选框。操作系统已将仿粗体和仿斜体样式添加到常规样式。
>
> （3）若要将字体信息作为位图数据而不作为矢量轮廓数据嵌入，选择【位图文本】选项，然后在【大小】文本字段中输入字体大小。（位图字体不能使用消除锯齿功能。必须为使用此字体的文本在【属性】检查器中选择【位图】作为消除锯齿选项。）
>
> （4）只有使用【位图文本】时，【大小】设置才适用。

8.3 实例

元件创建完成后，可以在文件中任何地方（包括在其他元件内）创建该元件的实例。实例本身与其元件既有联系又有独立性，修改元件时，其相应的实例也同时修改，反之，对实例进行变换和修改，却不影响其对应的元件。

创建实例的步骤很简单，只需把元件从库中拖到舞台上，就变成了相应的实例。选择实例，然后单击【属性】打开相应的实例属性面板，不同类型的实例属性也有所不同。

8.3.1 图形元件的实例

在舞台中选择一个图形元件实例，单击软件窗口右上角的【属性】（或按Ctrl+F3快捷键）打开图形元件实例的属性面板，如图8-34所示。

图8-34

其各项参数的意义如下。

（1）单击【交换】按钮，弹出【交换元件】窗口，如图8-35所示，窗口中列出当前文件库中的所有元件，从中可以选择其他元件来替换当前实例中的元件。

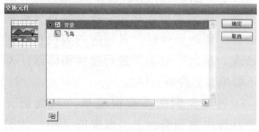

图8-35

（2）【位置和大小】项：可以用鼠标拖动或直接输入来调整实例的位置和大小。按钮 ⊞ 用来开关宽度值和高度值是否锁定在一起。

（3）【色彩效果】项：用来调整实例的亮度、色调和Alpha值。单击【样式】按钮打开样式选择列表，如图8-36所示。

图8-36

【亮度】：可通过拖动其下的亮度条或直接输入亮度值来改变实例的亮度，如图8-37所示。

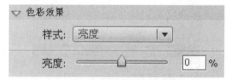

图8-37

【色调】：可通过调色板、色调数值条或直接输入等方式来改变实例的色调，如图8-38所示。

图8-38

【高级】：可通过调整红、绿、蓝及Alpha值的百分比和偏移值来改变实例的色调和透明度，如图8-39所示。

图8-39

【Alpha】：可通过拖动其下的Alpha数值条或直接输入Alpha值来改变实例的透明度，如图8-40所示。

图8-40

（4）【循环】项：设置图形元件的播放方式，如图8-41所示。

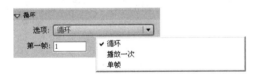

图8-41

【循环】：重复播放。

【播放一次】：只播放一次。

【单帧】：只播放第一帧。

【第一帧】：文本框中可输入指定的帧数，该实例动画将从这一帧开始播放。

8.3.2 影片剪辑元件的实例

在舞台中选择一个影片剪辑元件实例，单击软件窗口右上角的【属性】（或按Ctrl+F3快捷键）打开影片剪辑元件实例的属性面板，如图8-42所示。

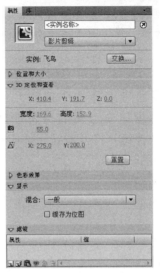

图8-42

影片剪辑元件实例比图形元件实例的属性选项要多，这由影片剪辑元件本身的特点决定，主要表现在以下几项。

【实例名称】：可以给影片剪辑元件实例重新命名，这在编写交互控件时经常用到。

【3D定位和查看】：可以对影片剪辑元件实例在三维空间中进行调整。

【显示】：当前影片剪辑元件实例与其下面的对象合成在一起的混合模式，如图8-43。其功能在后面的章节中介绍。

图8-43

【滤镜】：可以给影片剪辑元件实例添加滤镜效果，其应用步骤和功能见第11章。

8.3.3 按钮元件的实例

在舞台中选择一个按钮元件实例，单击软件窗口右上角的【属性】（或按Ctrl+F3快捷键）打开按钮元件实例的属性面板，如图8-44所示。

图8-44

按钮元件实例的属性选项与图形元件实例和影片剪辑元件实例的属性选项基本相同，所不同的是增加了如下选项。

【音轨】：用于设置鼠标的响应方式。单击下面的【选项】按钮打开选项列表，如图8-45所示。

图8-45

【音轨作为按钮】：指当按下按钮元件时，其他对象不再响应鼠标操作。

【音轨作为菜单项】：指当按下按钮元件时，其他对象还会响应鼠标操作。

通过这个练习，学习实例的创建步骤及对图形元件实例和影片剪辑元件实例的编辑修改方法。
实例文件：exe8-6.fla

（1）启动Flash，从配书素材\第8章下打开文件exe8-6.fla。在库里面有两个元件，一个是图形元件"背景"，一个是影片剪辑元件"飞鸟"，如图8-46所示。

图8-46

（2）在时间轴的第一帧按F7键，创建空白关键帧，然后将图形元件"背景"拖到舞台中央。如图8-47所示，则图形元件在舞台上就是图形元件实例。

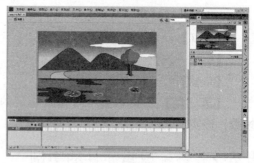

图8-47

（3）在时间轴的第75帧按F5键，将第一帧扩展到第75帧。在帧上右击，从弹出的菜单中选择【创建补间动画】，如图8-48所示。

图8-48

（4）将时间指针放到第一帧，选择舞台上的图形元件实例"背景"，单击【属性】面板，打开图形元件实例的属性面板。在【色彩效果】选项中单击【样式】，从弹出的列表中选择【Alpha】，如图8-49所示。

图8-49

（5）拖动【Alpha】数值条，设为0，即实例"背景"在第一帧完全透明，如图8-50所示。

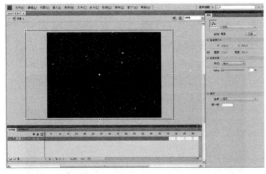

图8-50

（6）将时间指针拖到第15帧，再次选择舞台上的实例"背景"，拖动【Alpha】数值条，设为100，即实例"背景"在第15帧完全不透明，如图8-51所示。

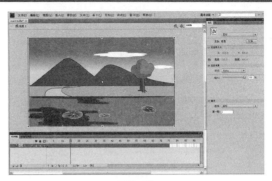

图8-51

（7）按Ctrl+Enter键浏览动画，发现实例"背景"淡入进场。这在动画制作中经常用到。

（8）在时间轴面板中增加一个图层，在第15帧按F7键，创建空白关键帧，将影片剪辑元件"飞鸟"从库中拖到舞台的右边框外，并适当缩小"飞鸟"，如图8-52所示。

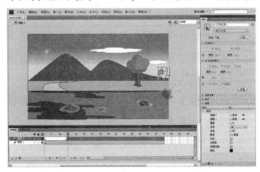

图8-52

（9）在影片剪辑元件实例"飞鸟"的属性面板中，在【滤镜】选项中单击【添加滤镜】按钮，从弹出的菜单中选择【投影】，并设置相应的参数，使小鸟在下面投射淡淡的阴影，如图8-52所示。

（10）在"图层2"的帧序列上右击，从弹出的菜单中选择【创建补间动画】。将时间指针拖到第75帧，然后选择实例"飞鸟"，将其拖到舞台的左边框附近，并且适当放大"飞鸟"，如图8-53所示。

图8-53

（11）将文件另存为"exe8-6-1.fla"。按Ctrl+Enter快捷键浏览动画。看到小鸟从远处飞来，下面有一个淡淡的投影。

这段小动画就完成了，其中用到了图形元件实例和影片剪辑元件实例的部分属性。对其他属性的运用，大体步骤也是如此。

8.3.4　编辑元件实例

编辑元件实例可以通过编辑元件来实现，对元件进行编辑修改后，影片中所有用到该元件的实例就会自动更新。

在舞台中，在需要编辑修改的元件实例上右击，在弹出的菜单中有3个编辑元件的方式，如图8-54所示。

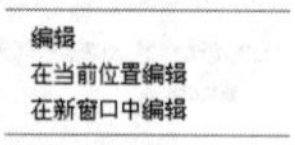

编辑
在当前位置编辑
在新窗口中编辑

图8-54

【编辑】：自动进入到独立的元件编辑窗口，窗口中只有被编辑的元件，背景为舞台背景色。

【在当前位置编辑】：在被编辑元件的当前位置进行编辑，舞台中其他对象都显示为灰色。

【在新窗口中编辑】：给被编辑元件重新开设了一个编辑窗口，就像另外打开了一个文件。

下面通过一个实例来具体体会这几种编辑方式的使用步骤和不同。

通过这个练习，体会一下对实例进行编辑的几种方式。看自己更习惯哪一种。

实例文件：exe8-7.fla

（1）启动Flash，从配书素材\第8章下打开文件exe8-7.fla。在舞台上有两个元件实例，一个是图形元件实例"背景"，一个是影片剪辑元件实例"飞鸟"，如图8-55所示。

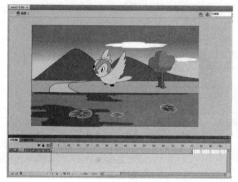

图8-55

（2）在实例"飞鸟"上右击，从弹出的菜单中选择【编辑】，则自动进入到"飞鸟"元件的编辑窗口，背景为舞台色，如图8-56所示。可以在该窗口中对"飞鸟"元件进行逐帧编辑修改。

图8-56

（3）单击舞台左上角的场景名称或返

回箭头 ，便可返回到场景的编辑状态。对"飞鸟"元件做的任何修改都将自动带进场景中。

（4）在实例"飞鸟"上右击，从弹出的菜单中选择【在当前位置编辑】，则"飞鸟"元件即可在当前位置进行编辑，舞台中其他对象都显示为灰色，如图8-57所示。

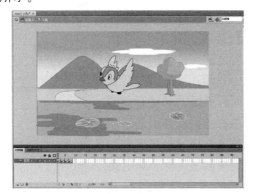

图8-57

（5）单击舞台左上角的场景名称，返回到场景的编辑状态。

（6）在实例"飞鸟"上右击，从弹出的菜单中选择【在新窗口中编辑】，则另外打开了一个类似于文件的编辑窗口，背景为舞台色，如图8-58所示。在舞台左上角的文件名称一侧，自动为编辑窗口命名为"exe8-7.fla：2"。

图8-58

（7）对元件编辑完成后，可单击舞台左上角的文件名称"exe8-7.fla"回到场景编辑状态，但是新开的窗口仍然存在，可以通过单击名称来回切换，方便被编辑的实例与场景中其他对象的对照。若想关闭新开的窗口，只需单击窗口名称"exe8-7.fla：2"右侧的小叉号 ✖ 即可。

可以看出这3种编辑方式都各有长处，就看个人的喜好了。

> 金点子
>
> 其实在Flash平常的动画制作中，还有更简单的方式进入元件编辑状态。双击舞台中要编辑的实例，则进入元件的【当前位置编辑】状态，在库面板中，双击要编辑的元件，则进入元件的【编辑】状态。
>
> 在元件的编辑窗口中，有的图形处于不可编辑的组合状态，仍可通过双击该对象，直到进入到可编辑的状态，这时的新窗口被命名为"组"，如上例中进入到"飞鸟"元件的编辑状态后，小鸟仍是一个不可编辑的组合对象，再在小鸟上双击即可进入到离散的可编辑状态。

8.4　库

Flash 文件中的库用于存储在 Flash中创建的或从外部导入的媒体资源。是存放和管理元件的地方。对于库的认识前面的章节中都有涉及，这儿更为详细地介绍一下。

8.4.1　库的基本操作

Flash CS4的【库】面板在屏幕的右侧，与【属性】面板并列，只需单击右上角的【库】按钮即可打开【库】面板，也

可以单击【窗口】|【库】或按快捷键Ctrl+L打开或关闭【库】面板。图8-59所示为【库】面板及其各个按钮的含义。

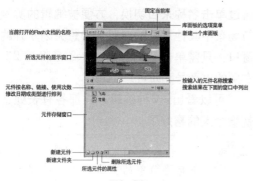

图8-59

 通过这个练习，学习【库】面板的基本操作方法。

实例文件：exe8-8.fla

（1）启动Flash，新建一个文件，另存为exe8-8.fla。

（2）这时屏幕右侧的【库】面板中没有任何元件，如图8-60所示。

图8-60

（3）单击【库】面板下方的【新建元件】按钮，弹出【创建新元件】窗口，如图8-61。单击【确定】按钮创建图形元件。

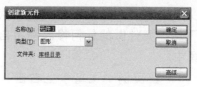

图8-61

（4）也可以单击【库】面板右上角的【选项菜单】按钮，从弹出的菜单中选择【新建元件】选项，如图8-62所示，创建元件。

（5）还可以在【库】面板的元件存储窗口中右击，从弹出的选项菜单中选择【新建元件】选项来创建元件。总之用不同的方法随意创建几个不同类型的元件，如图8-63所示。

图8-62

图8-63

（6）在【搜索】文本框中输入"字

体”，则在元件存储窗中只显示字体元件，如图8-64所示。

图8-64

(7) 将【搜索】文本框中的"字体"两字删掉，则元件存储窗又回到原来的状态。

(8) 单击【库】面板下方的【新建文件夹】按钮，在元件存储窗中创建了一个文件夹，输入文件夹的名称为"图形元件"，如图8-65所示。

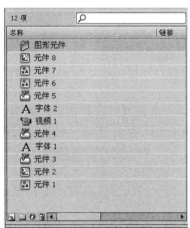

图8-65

(9) 单击库中的图形元件，拖动到"图形元件"文件夹的上面释放鼠标，则该图形元件就移到了文件夹中。用相同的方法把所有的图形元件都移到文件夹中，

如图8-66所示。单击文件夹左边的小箭头可以折叠或打开文件夹。

图8-66

(10) 用相同的方法将元件按类型归类，如图8-67所示。

图8-67

(11) 选择元件存储窗中的"视频1"元件，单击【库】面板下方的【删除】按钮，则"视频1"元件被删除。或者直接按Delete键删除。

(12) 在"元件1"上右击，弹出选项菜单，如图8-68所示。从中选择【直接复制】，则弹出【直接复制元件】窗口，如图8-69所示。就像创建新元件一样，可以重新设置复制元件的属性。

图8-68

图8-69

（13）单击【确定】按钮则复制了一个新元件"元件1副本"，如图8-70所示。在【库】面板中还有一些命令没有介绍，都非常简单，可以自己多试一下。

图8-70

8.4.2　调用其他文件中的库

在 Flash 动画制作中，可以打开任意 Flash 文件的库，将该文件的库项目用于当前文件。从而大大提高了动画制作的效率。

调用其他文件中的库项目的方法有好几种，下面通过实例来分别练习一下。

通过这个练习，学习通过不同的方法调用其他文件中的【库】项目的基本操作方法。

实例文件：exe8-9.fla

（1）启动Flash，新建一个文件，另存为exe8-9.fla。现在库中没有任何元件。

（2）单击【文件】|【导入】|【打开外部库】，或按Ctrl+Shift+O快捷键，打开一个文件浏览窗口，从中找到所要选择的文件，这儿选择文件"exe8-8.fla"，如图8-71所示。

图8-71

（3）单击【打开】按钮，则弹出文件"exe8-8.fla"的库面板，如图8-72所示。

图8-72

（4）直接拖动库面板中的元件或文件夹到当前场景中或当前的库面板中。则文件"exe8-8.fla"的库中的元件就复制到了当前文件的库中。

（5）关闭打开的外部文件的库，单击【文件】|【打开】，从打开的文件浏览窗口中选择"exe8-7.fla"。则Flash又打开了文件"exe8-7.fla"。

（6）从文件"exe8-7.fla"的库面板中选择元件"飞鸟"，然后按Ctrl+C快捷键，单击舞台上方的文件名"exe8-9.fla"回到当前文件，按Ctrl+V快捷键，则"飞鸟"元件被复制到了当前文件的库中。

（7）单击当前文件的库面板的上方【当前打开的Flash文件名称】选项，如图8-73。从中选择"exe8-7.fla"，则文件"exe8-7.fla"的库在当前文件的库面板中打开。

图8-73

（8）从库中直接拖动元件"背景"到当前文件的舞台中，则元件"背景"也复制到了当前文件的库中。现在的库面板如图8-74所示。

图8-74

总之，在Flash中不同文件之间的库是可以相互调用的。调用的方法有很多，可以随意使用。

8.4.3 公用库

Flash 软件本身还提供了几个含有声音、按钮和类的公用库。

单击菜单栏中的【窗口】|【公用库】，弹出公用库选项菜单，如图8-75所示。

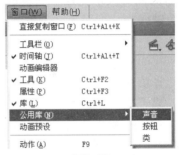

图8-75

单击【声音】选项，弹出声音元件库，如图8-76所示。单击【按钮】选项，弹出按钮元件库，如图8-77所示，像其他库一样，可以直接拖动里面的元件到当前文件的库中或场景中进行使用。

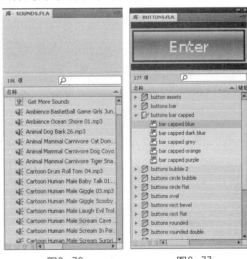

图8-76   图8-77

本章小结

本章重点讲述了Flash中元件、实例和库3个基本概念，它们是Flash动画制作过程中不可或缺的。必须掌握的知识点有：①元件、实例和库的基本概念和相互关系。②各种类型元件和实例的创建方法。③库的基本操作和应用。彻底理解元件、实例和库三者之间的关系，是下一步进行动画制作的关键。

习 题

1.选择填空题

（1）属于在Flash中创建的元件有（　　）；属于通过外部导入的元件有（　　）。

A．图形元件　　　　B．影片剪辑元件

C．音频元件　　　　D．位图元件

（2）新建元件的快捷键为（　　），转换元件的快捷键为（　　）。

A．Ctrl+F8　　　　B．F6

C．F8　　　　D．Ctrl+F3

（3）打开实例属性面板的快捷键是（　　），打开库面板的快捷键是（　　）。

A．Ctrl+F3　　　　B．Ctrl+F6

C．Ctrl+F8　　　　D．Ctrl+L

2.简答题

（1）请简要叙述图形元件和影片剪辑元件的区别是什么？

（2）请简要叙述元件、实例和库三者之间的关系。

3.动手做

（1）利用图形元件和影片剪辑元件制作一段反映春、夏、秋、冬四季变化的动画片段。

（2）设计制作一个按钮元件，要求按钮的4种状态各不相同。

（3）设计制作一段5秒的标题动画片头，要求为标题字幕创建一个字体元件，片头背景为一个图形元件，标题动画为一个影片剪辑元件，最后在时间轴上合成。

第9章 补间动画

本章要点

1. 创建补间动画的操作步骤。
2. 编辑补间动画的运动路径。
3. 使用补间范围的操作方法。
4. 使用动画编辑器的操作方法。
5. 使用缓动补间的方法。
6. 使用动画预设的方法。

9.1 认识补间动画

补间动画是Flash CS4在动画制作方面进行的全新改变，其制作理念与传统补间动画有着根本的区别，使补间动画制作更加方便，功能也更加强大。

9.1.1 基本概念

补间动画是指通过为一个帧中的对象属性指定一个值并为另一个帧中的该相同属性指定另一个值创建的动画。Flash自动计算这两个帧之间该属性的值。术语"补间"（tween）来源于词"中间"（between）。

属性关键帧是指在补间动画中为属性值设的关键帧。在时间轴上显示为一个黑色的小菱形块。如图9-1所示。

图9-1

【补间范围】是时间轴中的一组帧，

其舞台上的对象的一个或多个属性可以随着时间而改变。补间范围在时间轴中显示为具有蓝色背景的单个图层中的一组帧。图9-1所示可将这些补间范围作为单个对象进行选择，并从时间轴中的一个位置拖到另一个位置，包括拖到另一个图层。在每个补间范围中，只能对舞台上的一个对象进行动画处理。此对象称为补间范围的目标对象。

9.1.2 补间动画和传统补间之间的主要差异

（1）传统补间使用关键帧，关键帧中可以含有多个对象实例。补间动画使用的是属性关键帧，只能有一个对象实例。

（2）补间动画在整个补间范围上由一个目标对象组成。传统补间可以有多个对象。

（3）补间动画和传统补间都只允许对特定类型的对象进行补间。在创建补间动画时会将所有不允许的对象类型转换为影片剪辑元件。而应用传统补间会将这些对象类型转换为图形元件。

（4）补间动画会将文本视为可补间的类型。传统补间需要将文本对象转换为图形元件后才能创建补间。

（5）在补间动画范围上不允许帧脚本。传统补间允许帧脚本。

（6）利用传统补间可以在两种不同的色彩效果（如色调和 Alpha 透明度）之间创建动画。补间动画只能对每个补间应用一种色彩效果。

（7）可以使用补间动画为3D对象创建动画效果。但无法使用传统补间为3D对象创建动画效果。

（8）只有补间动画才能保存为动画预设。

9.2　创建补间动画

创建和编辑补间动画的流程非常直观，也非常方便。应该熟练掌握这一全新的动画制作理念。

9.2.1　创建补间动画

创建补间动画有许多规则需要注意，其操作步骤却比较简单。

1.创建补间动画的注意事项

（1）补间动画只能应用于元件实例和文本对象，在创建补间时会提示将所有不允许的对象类型转换为影片剪辑元件。

（2）一个补间图层中的补间范围只能包含一个元件实例。该元件实例称为补间范围的目标实例。将其他元件从库中拖到时间轴中的补间范围上，将会替换补间中的原始元件。

（3）一个补间图层中的补间范围被视为单个对象，可以在时间轴中对其进行拉伸和调整大小。

（4）可以在舞台、属性检查器或动画编辑器中编辑各属性关键帧。

（5）如果补间包含动画，则会在舞台上显示运动路径。运动路径上的小圆点代表每个帧中补间对象的位置，如图9-2所示。

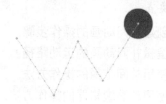

图9-2

2.创建补间动画的操作步骤

（1）将要做补间动画的元件实例或文本对象放到舞台上，并在时间轴的图层上根据要做动画的长度建静态帧序列，如图9-3所示。

图9-3

（2）在静态帧上右击，从弹出的菜单中选择【创建补间动画】，则静态帧变为蓝色的补间范围，如图9-4所示，说明可以进行补间动画了。

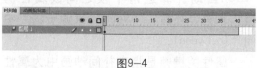

图9-4

（3）将播放头拖到适当的帧上，在舞台上对目标实例作变换，这时在补间范围上自动添加了一个黑色的小菱形，说明添加了一个属性关键帧。同样地，通过不断拖动播放头的位置，并在舞台上相应变换目标实例来最终完成动画。这时时间轴如图9-5所示。舞台上的目标实例后多了一条绿色的路径，标明了目标实例的运动轨迹，参见图9-2。

图9-5

（4）若想删除补间，只需在补间范围上右击，从弹出的菜单中选择【删除补间】即可。

（5）按Ctrl+Enter快捷键浏览动画。

下面通过实例来练习补间动画的创建步骤。

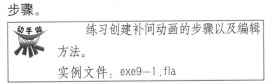
练习创建补间动画的步骤以及编辑方法。
实例文件：exe9-1.fla

（1）启动Flash，从配书素材\第9章下打开文件exe9-1.fla。文件的时间轴上有4个图层，注意它们的前后顺序。如图9-6所示，下面利用补间动画来制作太阳升起的过程。

图9-6

（2）为了便于动画的设定，先将其他图层隐藏，只保留"太阳"图层。在"太阳"图层的帧序列上右击，从弹出的菜单中选择【创建补间动画】，弹出一个提示窗口，要求必须把选择的对象转换为元件才能进行补间，如图9-7所示。

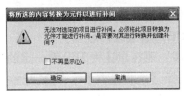

图9-7

（3）单击【确定】按钮，"太阳"图层中的对象自动转换为影片剪辑元件，"太阳"图层中的帧序列变为蓝色，说明可以进行补间了，如图9-8所示。

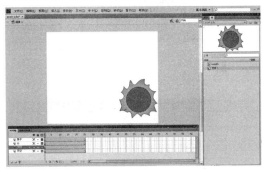

图9-8

（4）将播放头移到第25帧，在舞台上将太阳元件实例拖到舞台的左上角，这时太阳的新位置与起始位置之间出现一条有绿色圆点和绿色小菱形的虚线，代表太阳的运动路径，每个圆点代表太阳在每一帧上的位置，小菱形代表属性关键帧。在时间轴上的"太阳"图层上多了个菱形小黑点，代表创建了一个属性关键帧，如图9-9所示。

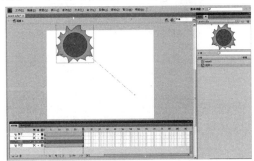

图9-9

（5）拖动播放头粗略浏览一下动画，发现太阳沿着直线升起来了。

（6）现在想让太阳沿着一定的弧线升起，选择【选择工具】，将鼠标放到舞台上太阳的运动路径上，当鼠标变为时，拖动鼠标可以调整运动路径的弧度，如图9—10所示。

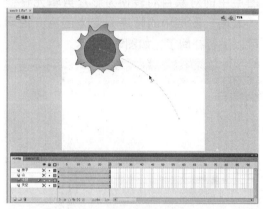

图9—10

（7）按Ctrl+Enter快捷键浏览动画，发现太阳已经沿着弧线升起。现在太阳有点太死板，需要再加上旋转的动作。

（8）单击"太阳"图层中的补间动画范围，在补间动画的属性检查器中，设置【旋转】次数为2，【方向】为顺时针，如图9—11所示。

图9—11

（9）按Ctrl+Enter快捷键浏览动画，这时太阳非常欢快地升起来了，只是感觉有点快，让它再慢一点就好了。

（10）将鼠标放在补间动画范围的最后一帧，当鼠标变为↔时拖动鼠标，将补间范围拖动到第50帧，这时属性关键帧也跟着拖动，如图9—12所示。

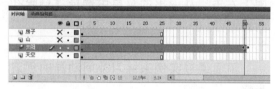

图9—12

（11）将其他图层都设为显示，分别选择第50帧并按F5键，将静态帧扩展到第50帧，如图9—13所示。

图9—13

（12）按Ctrl+Enter快捷键浏览动画，这时太阳升起的动画就比较理想了。如图9—14所示，将文件保存为exe9—1—1.fla。

图9—14

9.2.2　编辑补间动画的运动路径

舞台中补间动画的运动路径是一条有绿色圆点和绿色小菱形的虚线，每个圆点代表补间范围的目标实例在每一帧上的位置，小菱形代表属性关键帧，如图9-15所示。

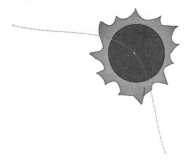

图9-15

1.更改补间对象的位置

可以在补间范围的任何帧中移动补间的目标实例。在舞台上使用【选择工具】拖动目标实例，如果是在普通帧中，Flash将自动向其添加一个属性关键帧，如果是在属性关键帧中，则其属性值进行了更新，如图9-16所示。

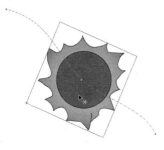

图9-16

2.在舞台上更改运动路径的位置

可以在舞台上拖动整个运动路径，也可以在属性检查器中设置其位置。具体操作步骤如下。

（1）在工具箱中单击【选择工具】或【部分选取工具】。

（2）先单击时间轴上的补间范围，然后在舞台上单击运动路径，这时运动路径由虚线变为一条绿色的实线，说明已经选择了路径。

（3）可以在舞台上拖动路径到新的位置，也可以在右侧的属性检查器中输入路径的新位置。

3.在舞台上编辑运动路径的形状

可以使用工具箱中的【选择工具】、【部分选择工具】、【任意变形工具】对舞台中补间动画的运动路径的形状进行调整。具体操作步骤如下。

（1）在工具箱中单击【选择工具】。

（2）若舞台中的运动路径处于选择状态，则单击舞台上远离运动路径和补间目标实例的位置，使不选择任何对象。

（3）将鼠标放到舞台上的运动路径上，当鼠标变为　时，拖动鼠标可以调整运动路径的弧度，参见图9-10。

（4）在工具箱中单击【部分选择工具】，在舞台上单击运动路径上的属性关键帧，空心的小菱形变为实心的小菱形，拖动它可以移动属性关键帧。同时在属性关键帧两侧出现贝塞尔控制手柄，如图9-17所示，拖动控制手柄可以调整运动路径的曲率。

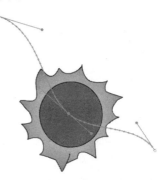

图9-17

（5）在工具箱中单击【任意变形工具】，单击舞台中的运动路径，则可以缩放、倾斜或旋转路径，如图9-18所示。

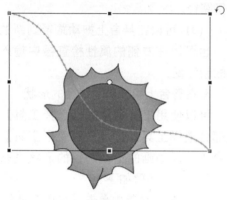

图9-18

4.从补间中删除运动路径

（1）使用【选择工具】在舞台上单击运动路径以将其选中。

（2）按Delete键。

5.将运动路径作为笔触复制

（1）在舞台上单击运动路径以将其选中。

（2）选择菜单栏中的【编辑】|【复制】或按Ctrl+C快捷键。然后可以将该路径作为一个笔触或另一个补间动画的运动路径粘贴到其他图层中。

6.实例

练习将一个补间动画的运动路径粘贴到其他图层中的方法，以及对路径的编辑方法。
实例文件：exe9-2.fla

（1）启动Flash，从配书素材\第9章下打开文件exe9-2.fla。文件中含有3个图层，"图层1"中已经做好了补间动画，如图9-19所示，下面想把另两个图层中的小鸟与图层1中的小鸟同步飞行。

图9-19

（2）选择工具箱中的【选择工具】，单击"图层1"中的补间范围，则舞台上显示出飞鸟的运动路径，单击选中路径，如图9-20所示。

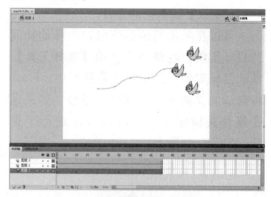

图9-20

（3）单击菜单栏中的【编辑】|【复制】或按Ctrl+C键。

（4）选择时间轴上的"图层2"，单击【编辑】|【粘贴到中心位置】或按Ctrl+V快捷键，这时运动路径作为一个笔触被复制到了"图层2"中，如图9-21所示。

（5）在时间轴上拖动播放头，发现"图层2"中的小鸟并没有随着飞行，显然这不是想要的结果，选择"图层2"中刚刚被复制的路径，按Delete键删除。

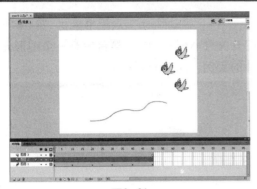

图9-21

（6）要想把"图层1"中补间动画的运动路径直接粘贴给"图层2"中的飞鸟，并作为它的补间运动路径，首先必须把"图层2"设为可以补间的图层。在"图层2"的帧序列上右击，从弹出的菜单中选择【创建补间动画】。这时"图层2"的帧序列变为补间范围，如图9-22所示。

图9-22

（7）同步骤（2）、（3）、（4）一样，将"图层1"中补间动画的运动路径再次粘贴到"图层2"中，如图9-23所示，拖动播放头发现运动路径已经赋给了图层2中的飞鸟，只是运动方向反了，下面利用编辑工具调整过来。

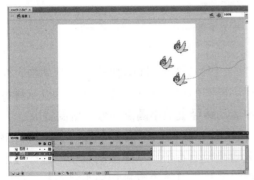

图9-23

（8）利用【选择工具】右击"图层2"中的运动路径，从弹出的菜单中选择【运动路径】|【翻转路径】，拖动播放头发现小鸟的飞行方向正确了，只是出了舞台。

（9）在舞台上单击"图层2"中飞鸟的运动路径，将其拖动到舞台中，如图9-24所示。

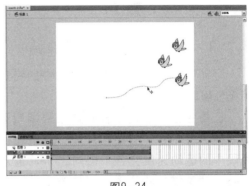

图9-24

（10）按Ctrl+Enter快捷键浏览动画，发现两只小鸟向屏幕飞来，但是"图层2"中的飞鸟没有缩放过程，这是因为这种复制路径的方法只复制了位移动画，无法复制缩放、旋转动画。"图层3"中的飞鸟还在原地飞行。下面用另一种方式赋予它动画。

（11）在"图层1"上右击，从弹出的菜单中选择【复制动画】。

（12）在"图层3"上右击，从弹出的菜单中选择【粘贴动画】。发现"图层1"中飞鸟的运动路径被完整地粘贴给了"图层3"中的飞鸟，而且属性关键帧也完全一样，如图9-25所示。

（13）按Ctrl+Enter快捷键浏览动画，发现3只小鸟都向屏幕飞来，而且"图层1"和"图层3"中的飞鸟有着完全一样的位移、缩放动画。

（14）将文件另存为exe9-2-1.fla。

137

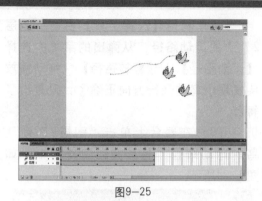

图9-25

9.2.3 使用浮动属性关键帧

浮动属性关键帧是与时间轴中的特定帧无任何联系的关键帧。

在舞台上通过拖动补间对象来编辑运动路径，会创建一些路径片段，这些路径片段中的运动速度会各不相同。Flash通过调整浮动关键帧的位置，以使整个补间中的运动速度保持一致。

浮动关键帧仅适用于空间属性 X、Y和 Z。

当属性关键帧设置为浮动时，Flash会在补间范围中调整属性关键帧的位置，以便补间对象在补间的每个帧中移动相同的距离。然后可以通过缓动来调整移动，以使补间开头和结尾的加速效果显得很逼真。

若要为整个补间启用浮动关键帧，可执行下列操作。

右键单击时间轴中的补间范围，然后从弹出的菜单中选择【运动路径】|【将关键帧切换为浮动】。

下面通过实例来认识一下浮动属性关键帧的作用。

通过练习，学习浮动属性关键帧的设置步骤和作用。

实例文件：exe9-3.fla

（1）启动Flash，从配书素材\第9章下打开文件exe9-3.fla。舞台中有一个图形元件的实例，如图9-26所示。

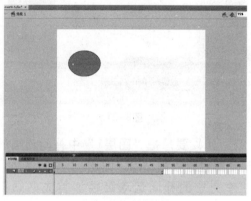

图9-26

（2）在时间轴的帧序列上右击，从弹出的菜单中选择【创建补间动画】，则帧序列变为补间范围，可以进行补间了。

（3）利用【选择工具】在舞台上拖动元件实例，创建补间动画，如图9-27。

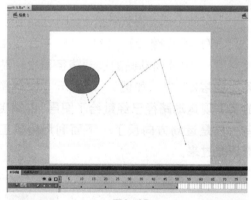

图9-27

（4）按Ctrl+Enter快捷键浏览动画，发现小椭圆的动画忽快忽慢，这也可以从舞台中运动路径上的小圆点的分布密度看出。

（5）在补间范围上右击，或在舞台中运动路径上右击，从弹出的菜单中选择【运动路径】|【将关键帧切换为浮动】。这时

运动路径上的小圆点分布均匀，代表元件实例每帧的运动距离均等，即匀速运动。补间范围上的属性关键帧也没有了，因为这时运动路径上是浮动关键帧，不是真正的属性关键帧，如图9-28所示。

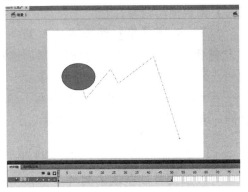

图9-28

（6）按Ctrl+Enter快捷键浏览动画，发现小椭圆的确以匀速运动。将文件保存为"exe9-3-1.fla"。

9.3 使用补间范围

使用时间轴中的补间范围的命令和方法有许多，必须熟练掌握这些操作技巧，才能随心所欲地创作补间动画。

9.3.1 使用补间范围的基本操作

使用补间范围的基本操作包括：选择、移动、复制、删除、编辑补间范围等，以及对补间范围中的帧的选择、添加和删除等。

1.选择补间范围和帧

（1）若要选择整个补间范围，请单击该范围。

（2）若要选择多个补间范围（包括非连续范围），请按住 Shift 键并单击每个范围。

（3）若要选择补间范围内的单个帧，请按住Ctrl键单击该范围内的帧。

（4）若要选择范围内的多个连续帧，请在按住Ctrl键的同时在范围内拖动。

（5）若要选择不同图层上多个补间范围中的帧，请按Ctrl键并跨多个图层拖动。

（6）若要选择补间范围中的单个属性关键帧，请按Ctrl键并单击该属性关键帧，然后可将其拖到一个新位置。

2.移动、复制或删除补间范围

（1）若要将补间范围移到时间轴中的新位置，直接拖动该范围即可。

（2）若要直接复制某个补间范围，请在按住Alt键的同时将该范围拖到时间轴中的新位置；或者在该范围上右击，从弹出的菜单中选择【复制帧】，将鼠标移到时间轴的新位置并右击，从弹出的菜单中选择【粘贴帧】即可。

（3）若要删除补间范围，请在补间范围上右击，从弹出菜单中选择【删除帧】或【清除帧】。

3.编辑相邻的补间范围

（1）若要移动两个连续补间范围之间的分隔线，请将鼠标放在该分隔线上，鼠标变为↔时拖动，如图9-29所示。拖动后将重新计算每个补间的时间长度和速度。

图9-29

（2）若要分隔两个连续补间范围的相邻起始帧和结束帧，请在按住Alt键的同时拖动第二个范围的起始帧。此操作将为两个范围之间的帧留出空间而不改变总的长度，如图9-30所示。

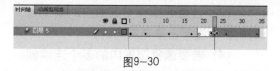

图9-30

（3）若要将某个补间范围分为两个单独的范围，请按住Ctrl键单击范围中的单个帧，然后在补间范围上右击，从弹出的菜单中选择【拆分动画】。两个补间范围具有相同的目标实例。

（4）若要合并两个连续的补间范围，请选择这两个范围，然后在补间范围上右击，从弹出菜单中选择【合并动画】。

4.编辑补间范围的长度

（1）若要更改补间动画的长度，将鼠标放到补间范围的右边缘或左边缘，光标变为↔时拖动。

（2）按住 Shift键拖动补间范围的任一端，都会在补间范围的末尾添加静态帧而不改变原来的补间。与传统补间一样，也可以选择位于同一图层中的补间范围之后的某个帧，然后按F6键，Flash 扩展补间范围并向选定帧添加一个适用于所有属性的属性关键帧。如果按F5键，则添加静态帧。

5.添加或删除补间范围中的帧

（1）若要从某个范围删除帧，请在按住Ctrl键的同时拖动以选择帧，然后在补间范围上右击，从弹出的菜单中选择【删除帧】。

（2）若要从某个范围剪切帧，请在按住Ctrl键的同时拖动以选择帧，然后在补间范围上右击，从弹出的菜单中选择【剪切帧】。

（3）若要将帧粘贴到现有的补间范围，请在按住 Ctrl键的同时拖动，以选择要替换的帧，然后在补间范围上右击，从

弹出的菜单中选择【粘贴帧】。

6.替换或删除补间的目标实例

若要替换补间范围的目标实例，请执行下列操作之一。

（1）选择补间范围，然后将新元件从【库】面板拖动到舞台上。

（2）选择【库】面板中的新元件，以及舞台上的补间的目标实例，然后选择【修改】|【元件】|【交换元件】。

若要删除补间范围的目标实例而不删除补间，请选择该范围，然后按Delete键。

9.3.2 编辑补间范围的动画属性

可以编辑补间范围的属性关键帧、复制和粘贴补间范围的动画属性等。

1.查看和编辑补间范围的属性关键帧

（1）若要查看某个补间范围中不同类型的属性关键帧的分布情况，可以选择该范围，然后在补间范围上右击，从弹出的菜单中选择【查看关键帧】，并从子菜单中选择要在补间范围上显示哪种类型的属性关键帧。如图9-31所示。

图9-31

（2）若要从范围中删除属性关键帧，请按住 Ctrl键并单击该属性关键帧以将其选中，右击该属性关键帧，从弹出的菜单中选择【清除关键帧】，然后从子菜单中选择要删除的属性关键帧中哪一个属性类型的关键帧，如图9-32所示。

图9-32

（3）若要向补间范围添加特定属性类型的属性关键帧，请按住 Ctrl键并单击以选择补间范围中的一个或多个帧。右击，然后从弹出的菜单中选择【插入关键帧】｜【属性类型】。Flash将属性关键帧添加到选定的帧。

（4）若要向范围添加所有属性类型的属性关键帧，请将播放头放在要添加关键帧的帧中，然后选择【插入】｜【时间轴】｜【关键帧】，或按 F6键。

（5）若要反转某个补间动画的方向，请在补间范围上右击，从弹出的菜单中选择【运动路径】｜【反向路径】。

（6）若要将某个补间范围更改为静态帧，请选择该范围，然后在补间范围上右击，从弹出的菜单中选择【删除补间】。

（7）若要将某个补间范围转换为逐帧动画，请选择该范围，然后在补间范围上右击，从弹出的菜单中选择【转换为逐帧动画】。

（8）若要将某个属性关键帧移动到同一补间范围或其他补间范围内的另一帧，请按住Ctrl键并单击该属性关键帧以将其选定，然后将它拖动到新位置。

（9）若要将某个属性关键帧复制到补间范围内的另一个位置，请按住Ctrl键并单击该属性关键帧以将其选定，然后在按住Alt键的同时将它拖动到新位置。

2.复制和粘贴补间动画

可以将补间属性从一个补间范围复制到另一个补间范围。补间属性应用于新目标对象，但目标对象的位置不会发生变化。具体操作步骤如下。

（1）选择包含要复制的补间属性的补间范围。

（2）选择【编辑】｜【时间轴】｜【复制动画】，或在补间范围上右击，从弹出的菜单中选择【复制动画】。

（3）选择要接收所复制补间的补间范围。

（4）选择【编辑】｜【时间轴】｜【粘贴动画】，或在补间范围上右击，从弹出的菜单中选择【粘贴动画】。

如实例"exe9-2.fla"中就用到这种方法。

3.复制和粘贴补间动画属性

可以将选定帧中的属性复制到同一补间范围或其他补间范围内的另一个帧。粘贴属性时，仅将属性值添加到目标帧。

如果选定帧中的补间对象应用了色彩效果、滤镜或3D属性，则只有当目标帧中也用了这些效果时，才能粘贴这些效果的属性值。2D位置属性不能粘贴到3D补间上。

复制和粘贴补间动画属性的步骤如下。

（1）按住Ctrl键，单击要选择的补间范围中的单个帧。

（2）右击选定的帧，然后从弹出的菜单中选择【复制属性】。

（3）按住Ctrl键，并单击要接收已复制的属性的单个帧。目标帧必须位于补间范围内。

（4）若要将已复制的属性粘贴到选定的帧中，请执行下列操作之一。

①若要粘贴已复制的所有属性，请右击目标补间范围内的选定帧，然后从弹出的菜单中选择【粘贴属性】。

②若要仅粘贴已复制的某些属性，请右击目标补间范围内的选定帧，然后从弹出的菜单中选择【粘贴特定属性】。在显示的对话框中，选择要粘贴的属性，然后单击【确定】按扭。

Flash为选定帧中的每个已粘贴属性创建关键帧属性，并重新内插补间动画。

 练习复制和粘贴补间动画属性的步骤和技巧。

实例文件：exe9-4.fla

（1）启动Flash，从配书素材\第9章下打开上个练习中最后保存的文件exe9-2-1.fla。在上个练习中通过复制补间动画路径的方法无法给"图层2"复制"图层1"中的缩放补间动画，下面就来解决这个问题。

（2）按住Ctrl键，单击"图层1"的第一帧，选择该帧。如图9-33所示。

图9-33

（3）在选择的帧上右击，从弹出的菜单中选择【复制属性】。

（4）按住Ctrl键，单击"图层2"的第一帧，选择该帧。

（5）在选择的帧上右击，从弹出的菜单中选择【粘贴属性】。发现"图层2"中的飞鸟与"图层1"中的飞鸟在第一帧完全重合，如图9-34所示，这时因为把"图层1"中的第一帧的所有属性都粘贴给了"图层2"中的第一帧。这不是想要的结果。

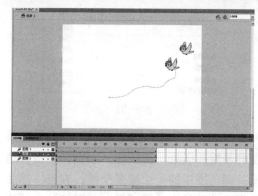

图9-34

（6）按Ctrl+Z快捷键回到步骤（4）状态，在选择的目标帧上右击，从弹出的菜单中选择【选择性粘贴属性】，从弹出的【粘贴特定属性】窗口中选择【缩放】选项，其他选项全部不选，如图9-35所示。

图9-35

（7）单击【确定】按钮，则把"图层1"第1帧的【缩放】属性粘贴给了"图层2"的第1帧，用相同的方法把"图层1"第50帧的【缩放】属性粘贴给"图层2"的第50帧。

（8）按Ctrl+Enter快捷键浏览动画，发现"图层2"中的飞鸟与"图层1"中的飞鸟有着相同的缩放补间动画。如图9-36所示。

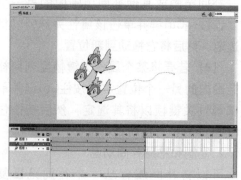

图9-36

（9）选择"图层1"，将播放头放在第1帧，单击舞台中间的飞鸟，在属性面板上【色彩效果】下选择【样式】为【Alpha】，并拖动Alpha的数值条设为0，如图9-37所示。这时舞台上中间的飞鸟变为全透明。

图9-37

（10）将播放头放在第10帧，因为这时中间飞鸟为全透明，看不见，在舞台上补间动画路径第10帧处的关键帧附近单击，选择飞鸟，如图9-38所示，再次拖动Alpha的数值条设为100，即飞鸟变为不透明。

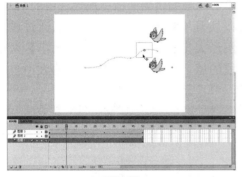

图9-38

（11）按Ctrl+Enter键浏览动画，发现"图层1"中的飞鸟有了一个淡进的补间动画过程，下面将这个淡进补间动画复制给其他两个图层的飞鸟。

（12）按Ctrl键单击"图层1"的第1帧，右击，从弹出的菜单中选择【复制属性】。

（13）按Ctrl键单击"图层2"的第1帧，右击，从弹出的菜单中选择【选择性粘贴属性】。弹出【粘贴特定属性】窗

口，发现其中的【色彩效果】选项为灰色，无法粘贴，与图9-35相同。这是因为"图层2"中的飞鸟实例没有使用【色彩效果】属性，需要给它加上。

（14）按【取消】按钮，单击舞台中下方的飞鸟，在属性面板上【色彩效果】下选择样式为【Alpha】。这就给"图层2"中的飞鸟添加了【色彩效果】。

（15）再重复步骤（13），发现弹出的【粘贴特定属性】窗口中【色彩效果】选项可以选了，如图9-39所示，其他都不选，只选【色彩效果】选项。

图9-39

（16）单击【确定】按钮，舞台中下面的飞鸟也不见了，说明把"图层1"中第1帧的Alpha属性值粘贴给了"图层2"中第1帧。

（17）用完全相同的办法将"图层1"的第10帧的Alpha属性值粘贴给了"图层2"中第10帧。如图9-40所示。

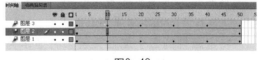

图9-40

（18）按Ctrl+Enter快捷键浏览动画，发现"图层2"中的飞鸟有着与"图层1"中的飞鸟完全一样的淡进补间动画。

（19）用相同的方法把"图层1"的淡进补间动画也粘贴给"图层3"中的飞鸟，并将文件保存为"exe9-4.fla"。

9.4 使用动画编辑器

【动画编辑器】也是Flash CS4新增加的面板，专门用于编辑补间动画的所有属性。

9.4.1 动画编辑器面板

【动画编辑器】显示当前选定的补间的属性。通过【动画编辑器】面板，可以查看并编辑所有补间属性及其属性关键帧。

选择时间轴中的补间范围或舞台上的补间对象或运动路径后，单击【时间轴】一侧的【动画编辑器】按钮即会显示该补间的【动画编辑器】面板，如图9-41所示。

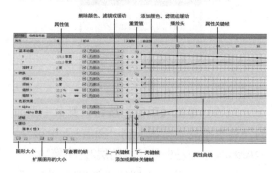

图9-41

【动画编辑器】面板中显示每个属性的属性曲线，水平方向表示时间（从左到右），垂直方向表示对属性值的更改。

特定属性的每个属性关键帧将显示为该属性的属性曲线上的控制点。

如果向一条属性曲线应用了缓动曲线，则另一条曲线会在属性曲线区域中显示为虚线。该虚线显示缓动对属性值的影响。

在时间轴和动画编辑器中，播放头将始终出现在同一帧编号中。

9.4.2 控制动画编辑器显示

为了便于特定属性的编辑，可以控制【动画编辑器】中某些属性的显示。

（1）若要调整在动画编辑器中显示哪些属性，单击属性类别旁边的三角形以展开或折叠该类别。

（2）若要控制动画编辑器中显示的补间的帧数，请在动画编辑器底部的【可查看的帧】字段中输入要显示的帧数。最大帧数是选定补间范围内的总帧数。

（3）若要切换某条属性曲线的展开视图与折叠视图，请单击相应的属性名称。展开视图为编辑属性曲线提供更多的空间。使用动画编辑器底部的【图形大小】和【扩展图形的大小】字段可以调整展开视图和折叠视图的大小。例如，如果想放大X位置属性的属性曲线，以方便编辑，可以单击动画编辑器面板中属性栏中的X，就可以展开X属性的视图，并可以通过设置【图形大小】和【扩展图形的大小】两个字段的值，调整属性曲线显示的大小，如图9-42所示。

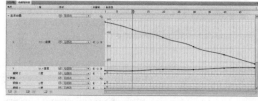

图9-42

（4）若要向补间添加新的色彩效果或滤镜，请单击属性类别行中的【添加】按扭，并选择要添加的项。新项将会立即出现在动画编辑器中。若要将其删除，单击【删除】按钮。

9.4.3 编辑属性曲线的形状

通过动画编辑器，可以精确控制补间的每条属性曲线的形状（X、Y 和 Z 除外）。对于所有其他属性，可以使用标准贝塞尔控件编辑每个图形的曲线。使用这些控件与使用选取工具或钢笔工具编辑笔触的方式类似。向上移动曲线段或控制点可增加属性值，向下移动可减小值。

也可以通过沿着每个属性曲线添加、删除和编辑属性关键帧来编辑属性曲线的形状。

下面通过实例来练习编辑属性曲线的方法和步骤。

练习补间动画属性曲线的编辑方法，学习【动画编辑器】的操作步骤。

实例文件：exe9-5.fla

（1）启动Flash，从配书素材\第9章下打开上个练习中最后保存的文件exe9-4.fla。

（2）单击"图层1"中的补间范围，然后单击【时间轴】右侧的【动画编辑器】按钮，打开【动画编辑器】面板，如图9-43所示。

图9-43

（3）单击属性栏中的X，展开X属性的视图，单击第10帧的关键帧控制点，控制点由黑色方块变为绿色方块，左右拖动可以调整属性关键帧的位置，上下拖动可以调整属性关键帧的属性值，也可以在属性值栏中的文本框中输入属性值。对每一个属性关键帧都适当调整一下它的位置和属性值，从而使

"图层1"中的飞鸟的飞行路径与其他图层中的飞鸟有所不同，如图9-44所示。

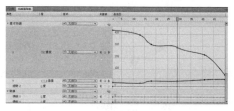

图9-44

在动画编辑器中，基本运动属性 X、Y 和 Z 与其他属性不同。这3个属性联系在一起。如果补间范围中的某个帧是这3个属性之一的属性关键帧，则其必须是所有这3个属性的属性关键帧。

如（3）中，当选择X属性关键帧时，Y属性关键帧也同时被选择，因为它们同在一个属性关键帧中。

此外，不能使用贝塞尔控件编辑 X、Y 和 Z 属性曲线上的控制点。

（4）再次单击属性栏中的"X"，折叠 X属性视图，单击属性栏中的"缩放X"，打开缩放X属性视图，如图9-45所示。

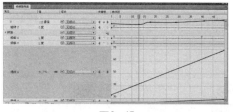

图9-45

（5）将播放头拖到第25帧，单击关键帧栏中的【添加或删除关键帧】按钮，添加【缩放X】属性关键帧，在该关键帧上右击，从弹出的选项列表中选择【平滑点】，如图9-46所示。则在该关键帧控制点的两侧出现贝赛尔手柄，通过手柄可以调整该控制点的曲率，如图9-47所示。

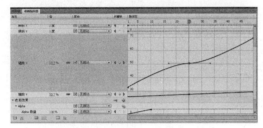

图9-46

图9-47

【平滑点】：控制点两侧都变为曲线，两侧都有控制手柄。

【平滑左】：控制点左侧变为曲线，只有左侧有控制手柄。

【平滑右】：控制点右侧变为曲线，只有右侧有控制手柄。

当控制点已经有了平滑，在其上右击，弹出的选项列表变为图9-49所示，其后两项的含义如下。

【线性左】：控制点左侧变为直线。

【线性右】：控制点右侧变为直线。

图9-49

（6）按Ctrl+Enter快捷键浏览动画，发现"图层1"中飞鸟的运动与其他两个飞鸟有些差别了，只是忽快忽慢。这从它在舞台中的运动路径上的小圆点的分布情况就可以看出，如图9-48所示。这就需要用到浮动属性关键帧来解决。

（7）在【动画编辑器】面板上，在【基本动画】的第2个关键帧（注：属性曲线的第一个和最后一个属性关键帧不能做浮动）上右击，从弹出的列表中选择【浮动】，控制点从方块变为了圆点，代表该属性关键帧变为了浮动属性关键帧，舞台中运动路径上该控制点附近的小圆点变得分布均匀了。如图9-50所示。

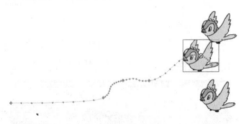

图9-48

在动画编辑器中，除了基本运动属性 X、Y 和 Z不能使用贝塞尔控件编辑 X、Y 和 Z 属性曲线上的控制点外，其他属性曲线上的控制点都可以用贝塞尔控制手柄来调整曲率，图9-46所示各选项代表的含义如下。

【角点】：将控制点两侧变为直线，没有控制手柄。

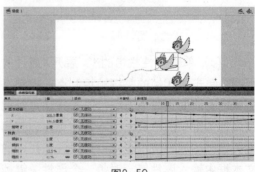

图9-50

(8) 用同样的方法，将【基本动画】属性曲线上的第3、4个属性关键帧设为浮动属性关键帧，第5个属性关键帧保留，如图9-51所示。

(9) 按Ctrl+Enter快捷键浏览动画，现在"图层1"中的小鸟飞行得比较自然流畅了。

(10) 将文件保存为"exe9-5.fla"。

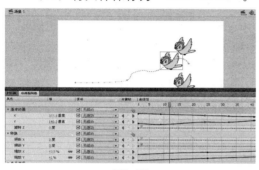

图9-51

在动画编辑器中，若要为补间中的单个属性关键帧启用浮动，请执行下列操作：

右击【动画编辑器】面板中的属性关键帧，然后从弹出的菜单中选择【浮动】。

将属性关键帧设置为浮动后，属性关键帧将在动画编辑器中显示为圆点而不是正方形。

9.5 使用缓动补间

缓动是计算补间中属性关键帧之间属性值的一种方法，是应用于补间属性值的数学曲线。补间的最终效果是补间和缓动曲线两者组合的结果。

缓动的常见用法之一是在舞台上编辑运动路径并启用浮动关键帧以使每段路径中的运行速度保持一致。然后可以使用缓动在路径的两端添加更为逼真的加速或减速。

缓动可以简单，也可以复杂。Flash 包含一系列的预设缓动，适用于简单或复杂的效果。在动画编辑器中，还可以创建自定义缓动曲线。

9.5.1 在属性检查器中缓动补间的所有属性

使用属性检查器对补间应用缓动时，缓动将影响补间中包括的所有属性。属性检查器中应用的是最简单的缓动曲线。具体应用步骤如下。

(1) 单击时间轴中的补间范围或舞台上的运动路径。

(2) 在属性检查器中，在【缓动】字段中输入缓动的强度值。如图9-52所示，正值代表快进慢出，负值代表慢进快出。

图9-52

9.5.2 在动画编辑器中缓动各个属性

在动画编辑器中可以对单个属性或一类属性应用预设缓动。

首先必须将Flash预设的缓动效果添加到选定补间可用的缓动列表中，然后才能对所选的属性应用缓动。对属性应用缓动时，会显示一个叠加到该属性的图形区域的虚线曲线。该虚线曲线显示缓动曲线对该补间属性的实际值的影响。

下面通过实例具体操作练习一下。

练习在动画编辑器中使用缓动的操作步骤。

实例文件：exe9-6.fla

（1）启动Flash，从配书素材\第9章下打开文件exe9-6.fla。文件中有一辆红色的小汽车，从舞台左侧补间运动到右侧，如图9-53所示。

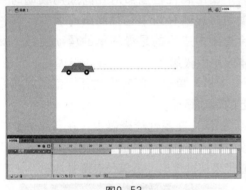

图9-53

（2）选择补间范围，单击【动画编辑器】打开其面板，在面板的最下方是【缓动】属性项，单击【添加】按钮，弹出Flash预设的缓动选项列表，如图9-54所示。

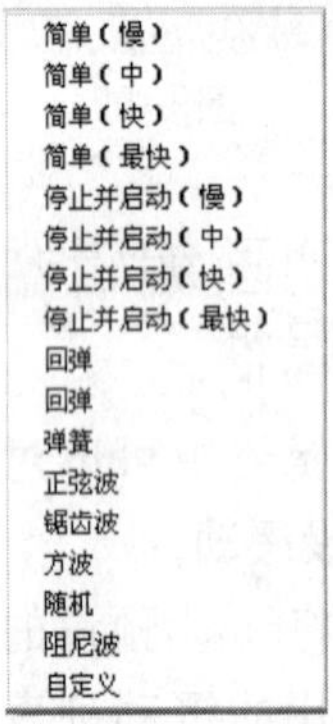

```
简单（慢）
简单（中）
简单（快）
简单（最快）
停止并启动（慢）
停止并启动（中）
停止并启动（快）
停止并启动（最快）
回弹
回弹
弹簧
正弦波
锯齿波
方波
随机
阻尼波
自定义
```

图9-54

（3）分别选择【简单（最快）】、【停止并启动（快）】、【阻尼波】。这些选项添加在了【缓动】属性项下的可用缓动列表中，如图9-55所示。

图9-55

预设缓动只有添加到可用缓动列表中才能被其他属性所用。

面板中右侧的虚线分别对应相应的缓动效果。

（4）单击X属性，展开X属性视图，单击缓动栏中的按钮，弹出已经添加的缓动效果列表，如图9-56所示。

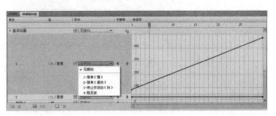

图9-56

（5）从列表中选择【简单（最快）】缓动效果，发现在属性曲线图上又多了一条虚线，显示缓动曲线对该补间属性的实际值的影响，如图9-57所示。同时在舞台中运动路径上的小圆点密度越来越大，说明小汽车由快到慢，直至停止。

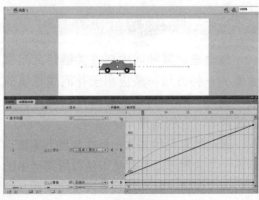

图9-57

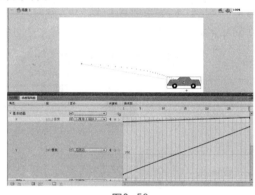

(6) 按Ctrl+Enter快捷键浏览动画，验证【简单（最快）】缓动效果。

现在小汽车是沿着直线运动，下面在【动画编辑器】面板中制作小汽车从斜坡上飞驰而下的动画过程。

(7) 单击"Y"属性，展开"Y"属性视图，将播放头拖放到第50帧，在属性值文本框中输入240，如图9-58所示，拖动播放头，发现小汽车已经沿斜坡行驶，只是应该添加旋转的补间动画，使小汽车与斜坡平行。

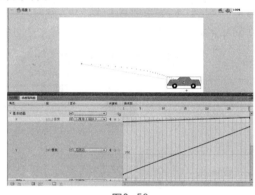

图9-58

(8) 再次单击"Y"属性，折叠"Y"属性视图，单击"旋转Z"属性，展开"旋转Z"属性视图。将播放头拖放到第50帧，单击【添加关键帧】钮添加关键帧，并在属性值文本框中输入11，如图9-59所示。

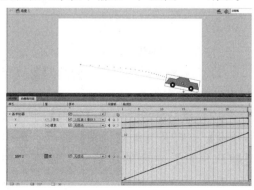

图9-59

(9) 按Ctrl+Enter快捷键浏览动画。现在还需要给小汽车增加一些颠簸的效果。

(10) 再次单击"Y"属性，展开"Y"属性视图，单击缓动栏中的按钮，从弹出的列表中选择【阻尼波】缓动效果，如图9-60所示。

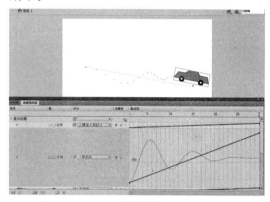

图9-60

单击【启用/禁用缓动】复选框。可以快速查看属性曲线上的缓动效果。

(11) 列表中的【停止并启动（快）】缓动效果没有用到，可以从列表中删除，单击动画编辑器的【缓动】部分中的【删除缓动】按钮 ，然后从弹出菜单中选择【停止并启动（快）】，该缓动即被删除。

(12) 现在想再增加【阻尼波】缓动效果的频率，单击【缓动】部分中的"阻尼波"属性，展开"阻尼波"属性视图，在属性值文本框中输入7，如图9-61所示。同样也可以调整其他缓动效果的强度。

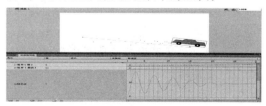

图9-61

（13）按Ctrl+Enter快捷键浏览动画。并将文件保存为"exe9-6-1.fla"。

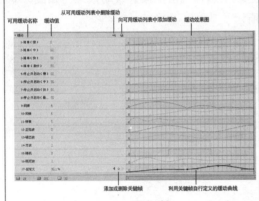

充电站 Flash CS4中预设的缓动效果图及缓动编辑面板，如图9-62所示。

图9-62

【缓动值】：对于简单缓动曲线，该值是一个百分比，表示对属性曲线应用缓动曲线的强度。正值会在曲线的末尾增加缓动。负值会在曲线的开头增加缓动。

对于波形缓动曲线（如正弦波或锯齿波），该值表示波中的半周期数。

【自定义缓动】：若要编辑自定义缓动曲线，请将自定义缓动曲线添加到可用缓动列表，然后使用与编辑Flash 中任何其他贝塞尔曲线相同的方法编辑该曲线。缓动曲线的初始值必须始终为0%。

也可以将该曲线从一个自定义缓动复制并粘贴到另一个自定义缓动（包括不同补间动画中的自定义缓动）。

9.6 使用动画预设

动画预设是预配置的补间动画，可以将它们应用于舞台上的对象；可以创建并保存自己的自定义预设。使用预设可极大节约项目设计和开发的生产时间。

注意：动画预设只能包含补间动画。传统补间不能保存为动画预设。

9.6.1 动画预设面板

单击菜单栏中的【窗口】|【动画预设】，打开【动画预设】面板，其各个部分的含义如图9-63所示。

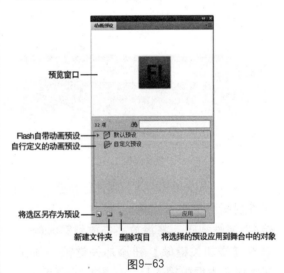

图9-63

9.6.2 应用动画预设

1.应用动画预设的步骤

（1）在舞台上选中可补间的对象（元件实例或文本字段）。

（2）单击菜单栏中的【窗口】|【动画预设】，打开【动画预设】面板，单击【默认预设】左侧的小箭头，展开文件

夹，从中选择需要的动画预设。如图9-64
所示。

图9-64

（3）单击【应用】按钮，将选择的动
画预设应用到舞台上所选的对象。

2.删除动画预设

在【动画预设】面板中选择要删除的
预设，然后执行下列操作之一。

（1）在要删除的动画预设上右击，从
弹出的菜单中选择【删除】。

（2）在面板中单击【删除项目】按钮。

9.6.3　自定义动画预设

将自定义的补间动画另存为动画预设
的操作步骤如下。

（1）选择以下项目之一：

①时间轴中的补间范围；

②舞台上应用了自定义补间的对象；

③舞台上的运动路径。

（2）单击【动画预设】面板中的【将
选区另存为预设】按钮，或在选定内容上
右击，从弹出的菜单中选择【另存为动画
预设】。

（3）在弹出的窗口中输入预设名称，
如图9-65所示。

图9-65

（4）单击【确定】按钮，则新预设将
显示在【动画预设】面板中的【自定义预
设】文件夹中。

本章小结

本章是Flash中比较重要也是比较复杂的
一章，是Flash CS4新增加的一种强大的动画
功能。必须掌握的知识点有：①补间动画、
属性关键帧和补间范围的概念，以及补间动
画与传统补间之间的区别。②创建补间动画
的步骤及编辑补间动画的运动路径的方法。
③使用补间范围的基本操作和编辑补间范围
动画属性的方法。④学会利用动画编辑器面
板来编辑补间动画的属性。⑤使用缓动补间
来制作更加逼真的补间动画。⑥使用动画预
设创建自己的动画方式库，提高工作效率。

习题

1.选择填空题

（1）传统补间使用（　　），其中可
以含有（　　）对象实例。补间动画使用的
是（　　），只能有（　　）对象实例。

A．关键帧　　　B．属性关键帧

C．多个　　　　D．一个

（2）可以利用补间动画来完成，但不
能用传统补间来完成的功能是（　　）。

A．允许帧脚本

B．为3D对象创建动画效果

C．保存动画预设

D．只允许对特定类型的对象进行补间

（3）在创建补间动画时会提示将所有

不允许的对象类型转换为（　　　）。

A．图形元件　　B．影片剪辑元件

C．文本元件　　D．按钮元件

（4）可以在（　　　）中编辑各属性关键帧。

A．舞台　　　　　B．属性检查器

C．动画编辑器　　D．库

2．判断对错

（1）在每个补间范围中，只能对舞台上的一个对象进行动画处理。（　　）

（2）Flash通过调整浮动关键帧的位置，可以使整个补间中的运动速度保持一致。（　　）

（3）补间的最终效果是补间和缓动曲线两者组合的结果。（　　）

（4）浮动关键帧仅适用于空间属性X、Y和Z。（　　）

（5）属性曲线上的所有属性关键帧都可以做浮动。（　　）

3．简答题

（1）请阐述传统补间与补间动画之间的主要差别是什么？

（2）请说出使用浮动属性关键帧的作用是什么？

（3）请说出使用缓动补间的作用是什么？

4．动手做

（1）利用补间动画制作一段动画：一个圆球落地弹跳，弹跳高度越来越低，最后停止。要求使用浮动属性关键帧和缓动补间，制作更逼真的运动。

（2）利用补间动画制作一群相同种类的蝴蝶飞舞的动画片段，要求利用补间动画运动路径的复制粘贴功能设置蝴蝶的运动路径，然后再利用动画编辑器编辑动画属性，制作一种彩蝶乱舞的景象。

第10章 三维动画与反向运动动画

本章要点

1. 使用三维变换工具制作三维动画。

2. 通过向元件实例或形状添加骨骼来制作反向运动动画。

10.1 三维动画

三维变换工具是Flash CS4的新增功能，这一全新的三维变换工具使Flash的动画功能大大增强。三维变换工具包括【3D旋转工具】和【3D平移工具】，它只对"影片剪辑"格式的元件有效。

10.1.1 3D旋转工具

使用【3D旋转工具】可以在3D空间中旋转影片剪辑实例。

单击工具栏中的【3D旋转工具】，或按快捷键W，3D旋转控件出现在舞台上的选定对象之上。如图10-1所示，红色为X轴控件，可绕X轴旋转；绿色为Y轴控件，可绕Y轴旋转；蓝色为Z轴控件，可绕Z轴旋转；橙色为自由旋转控件，可同时绕X轴和Y轴旋转。中间的白色圆点为3D中心点。

图10-1

可以通过拖动白色圆点来重新定义3D中心点的位置。所有选中的影片剪辑都将绕3D中心点旋转。

1. 使用3D旋转工具的方法

使用【3D旋转工具】的方法通常有两种，分别如下。

（1）单击工具栏中的【3D旋转工具】，直接在舞台上拖动操作控件来旋转影片剪辑实例。

（2）选择舞台上的影片剪辑实例，单击【窗口】|【变形】（或按Ctrl+T）打开变形面板，如图10-2所示，可以通过直接在【3D旋转】和【3D中心点】下面的字段中输入X、Y、Z的值来旋转实例和定义3D中心点的位置。

图10-2

2. 定义3D中心点的技巧

在舞台上选中需要旋转的一个或多个影片剪辑实例。

（1）若要将3D中心点移动到任意位

置，请拖动3D中心点。

（2）若要将3D中心点移动到选中的影片剪辑实例或影片剪辑实例组的中心，请双击该3D中心点。

（3）若在舞台上选中了多个影片剪辑实例，则3D中心点将显示为在最近所选对象的中心点。

10.1.2 3D位移工具

使用【3D位移工具】可以在3D空间中移动影片剪辑实例。

单击工具栏中的【3D旋转工具】并稍作停留，从弹出的菜单中选择【3D位移工具】，或按快捷键G，如图10-3所示。

图10-3

使用该工具选择影片剪辑实例后，X、Y和Z 3个轴将显示在舞台上选择对象的上面。X轴为红色箭头，Y轴为绿色箭头，而Z轴为中间的黑色圆点。如图10-4所示。

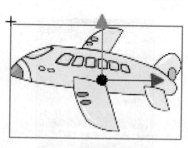

图10-4

使用3D位移工具的方法如下。

使用【3D位移工具】的方法通常也有两种，分别如下。

（1）单击工具栏中的【3D位移工具】，直接在舞台上拖动操作控件来平移影片剪辑实例。

（2）单击工具栏中的【3D位移工具】，在属性检查器上【3D定位和查看】项下面的字段中输入X、Y、Z的值，平移所选的影片剪辑实例。如图10-5所示。

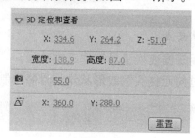

图10-5

10.1.3 透视角度与消失点

选择舞台上的影片剪辑实例后，在属性检查器的【3D定位和查看】项下面有两个项目：【透视角度】和【消失点】。

【消失点】属性控制舞台上影片剪辑实例的Z轴方向。Flash文件中所有影片剪辑实例的Z轴都朝着消失点后退。通过重新定位消失点，可以更改沿Z轴平移对象时对象的移动方向。

例如，如果将消失点定位在舞台的左上角（0，0），则增大影片剪辑的Z 属性值可使影片剪辑向着舞台的左上角移动。

消失点是一个文件属性，它会影响舞台中所有有应用Z轴平移或旋转的影片剪辑实例。消失点不会影响其他没有应用Z轴平移或旋转的影片剪辑实例。消失点的默认位置是舞台中心。

【透视角度】属性控制3D影片剪辑视图在舞台上的外观视角。增大透视角度可使3D对象看起来更接近查看者。减小透视角度属性可使3D对象看起来更远。此效果与通过镜头更改视角的照相机镜头缩放类似。图10-6所示为几种透视效果。

透视角度=1 　透视角度=100 　透视角度=145

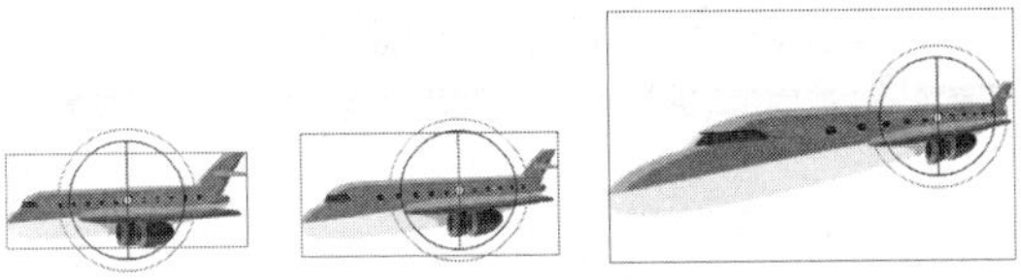

图10-6

10.1.4　三维动画制作

利用三维变换工具可以在三维空间中制作补间动画，也可以通过【动画编辑器】来编辑和缓动各个属性的动画曲线。下面通过实例来体会一下三维变换工具在制作动画时的强大功能。

利用三维变换工具制作一段标题片头动画，练习三维动画的制作过程和编辑技巧。
实例文件：exe10-1.fla

（1）启动Flash，从配书素材\第10章下打开文件exe10-1.fla。文件的库中有一个含有标题字幕的影片剪辑元件，下面利用三维变换工具制作一段标题落版的动画。

（2）将"标题字幕"元件从库中拖到舞台中央，利用【任意变形工具】将其稍微放大并放好位置，选择时间轴的第50帧并按F5键建静态帧，如图10-7所示。

图10-7

（3）在静态帧序列上右击，从弹出的菜单中选择【创建补间动画】。

（4）将播放头拖到第25帧，单击工具栏中的【3D旋转工具】或按快捷键W，在舞台上单击元件实例，将鼠标放在绿色的Y轴控件上，当鼠标变为▶Y时拖动鼠标，使元件实例绕Y轴旋转，如图10-8所示。

图10-8

（5）在属性面板中，设置【透视角度】为100，将消失点设为（356，173），则效果如图10-9所示。

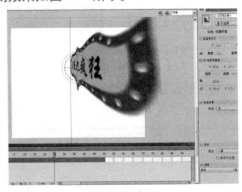

图10-9

（6）为了能够精确控制旋转的角度，单击【动画编辑器】打开动画编辑器面板，单击【旋转Y】属性，展开属性视图，在第25帧处的属性值文本字段中输入90。将【旋转X】和【旋转Z】在第25帧处的属性关键帧删除，这时舞台中的元件实例变为一条竖线，如图10—10所示。

到了【旋转Y】属性上。如图10—12所示。

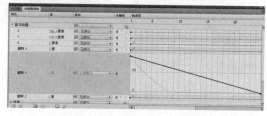

图10—12

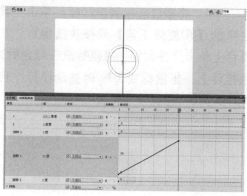

图10—10

（7）按Ctrl+Enter快捷键浏览动画，发现动画的方向反了，标题牌应该从无到有，不要紧，下面把它翻转过来。

（8）回到时间轴面板，在补间范围上右击，从弹出的菜单中选择【翻转关键帧】，再按Ctrl+Enter快捷键浏览动画，现在动画方向正确了。但是运动速度太平均，有必要给补间动画添加一个减速的缓动效果。

（9）打开动画编辑器面板，在缓动属性栏中，单击【添加】按钮，从弹出的菜单中选择【自定义】，并通过拖动缓动曲线上的控制柄调整曲线的形状，如图10—11所示。

图10—11

（10）单击【旋转Y】属性栏中的【缓动】按钮，从弹出的缓动选项列表中选择【自定义】，则刚刚定义的缓动效果就添加

（11）按Ctrl+Enter快捷键浏览动画，现在的动画由快到慢，比较自然了。将文件保存为"exe10—1—1.fla"。

10.2 使用反向运动

10.2.1 关于反向运动

反向运动（又称IK）来自于三维动画软件，是模仿人体的真实运动原理，利用骨骼结构来控制一个对象或多个对象的动画处理方式。通过反向运动可以更加轻松地创建人物动画，如胳膊、腿和面部表情。

骨骼链又称为骨架。在父子层次结构中，骨架中的骨骼彼此相连。骨架可以是线性的或分支的。源于同一骨骼的骨架分支称为同级。骨骼之间的连接点称为关节。

可以按两种方式使用IK。第一种方式是，向每个实例添加骨骼并通过骨骼将这些实例连接在一起，通过控制关节的运动使相应的元件实例产生动画效果。图10—13所示为一组已附加IK骨架的元件实例。

第二种方式是向形状对象的内部添加骨架。可以在合并绘制模式或对象绘制模式中创建形状。通过骨骼，可以移动形状的各个部分并对其进行动画处理。图10—14所示为一个已添加IK骨架的形状。

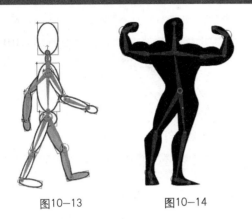

图10-13　　　　图10-14

在向元件实例或形状添加骨骼时，Flash 将实例或形状及关联的骨架移动到时间轴中的新图层。此新图层称为姿势图层，如图10-15所示。每个姿势图层只能包含一个骨架及其关联的实例或形状。姿势图层是一个补间动画图层，可以自动记录对骨架进行的动画设置。

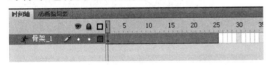

图10-15

Flash CS4包括两个用于处理IK的工具。使用【骨骼工具】可以向元件实例和形状添加骨骼。使用【绑定工具】可以调整形状对象的各个骨骼和控制点之间的关系。

10.2.2　骨骼工具

【骨骼工具】用于向元件实例和形状添加骨骼。

单击工具栏中的【骨骼工具】，或按快捷键X，这时舞台上的光标形状变为 ✚，即可在舞台上对相应的元件实例或形状添加骨骼。

1.向元件实例添加骨骼

可以向影片剪辑、图形和按钮实例添加

IK 骨骼。若要使用文本，首先要将其转换为元件。每个元件实例只能具有一个骨骼。

向元件实例添加骨骼时，会创建一个链接实例链。根据需要，元件实例的链接链可以是一个简单的线性链或分支结构。如蛇的特征仅需要线性链，而人体图形将需要包含四肢分支的结构。

在添加骨骼之前，应按照所需近似的配置，在舞台上排列元件实例。

在添加骨骼之前，元件实例可以在不同的图层上。添加骨骼时，Flash将自动将它们移动到新图层，即姿势图层。

> 动手做　通过制作机器人挥手的动画，练习向元件实例添加骨骼的过程，以及利用反向运动制作动画的过程。
> 实例文件：exe10-2.fla

（1）启动Flash，从配书素材\第10章下打开文件exe10-2.fla。文件中有一个由同一个元件组成的机器人，如图10-16所示，下面利用IK技术制作机器人挥手的动画。

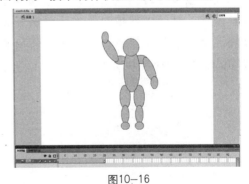

图10-16

（2）单击工具箱中的【骨骼工具】或按快捷键X，在舞台上鼠标的光标变为 ✚，在机器人举起的左胳膊上绘制两段骨骼，如图10-17所示，相应的3个元件实例都自动与骨骼捆绑在一起，并且单独放在了新的图层中。

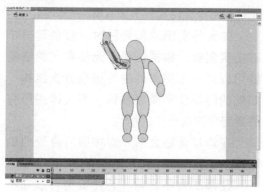

图10—17

（3）利用【选择工具】拖动末端的实例，可以看到整个手臂都跟着运动了，但是肘关节和肩关节的旋转范围太大，不符合人体实际的运动规律，需要给它们添加旋转约束。

（4）单击第一块骨骼，显示IK骨骼属性面板，如图10—18所示，在面板的【联接：旋转】项下，打开【启用】按钮，允许该骨骼旋转，打开【约束】按钮，并在文本段中设置旋转的【最小】度数和【最大】度数。旋转度数相对于父级骨骼。在骨骼连接的顶部将显示一个指示旋转自由度的弧形，如图10—19所示。

图10—18

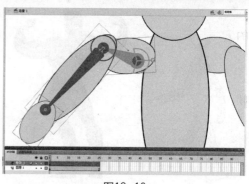

图10—19

（5）拖动第一段骨骼，发现它只能在弧形指定的范围内旋转，用同样的方法给第二段骨骼设置旋转约束，如图10—20所示。

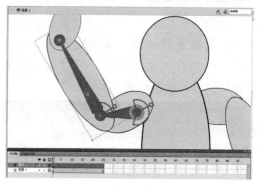

图10—20

（6）下面制作机器人的左胳膊由下垂到举起并挥手致意的过程。在第一帧，拖动末端的元件实例，使机器人的左胳膊下垂，如图10—21所示。

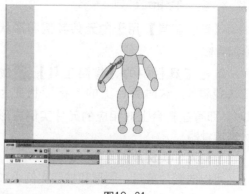

图10—21

（7）将播放头拖到第10帧，拖动末端的元件实例，使机器人的左胳膊举起，这时在姿势图层中自动添加了属性关键帧。

（8）将播放头分别拖到第15帧、20帧、25帧，稍微左右拖动末端的元件实例，使机器人的手左右摇摆，如图10-22所示。其时间轴面板如图10-23所示。

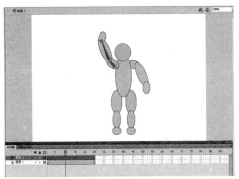

图10-22

图10-23

（9）按Ctrl+Enter快捷键浏览动画，机器人在挥手致意呢！把它保存到文件"exe10-2-1.fla"中。

2.向形状添加骨骼

可以向单个形状的内部添加多个骨骼。这不同于元件实例（每个实例只能具有一个骨骼）。还可以向在"对象绘制"模式下创建的形状添加骨骼。

向单个形状或一组形状添加骨骼。在任一情况下，在添加第一个骨骼之前必须选择所有形状。在将骨骼添加到所选内容后，Flash 将所有的形状和骨骼转换为 IK 形状对象，并将该对象移动到新的姿势图层。

但需要特别注意的是，所有形状必须在同一个对象组合内。

在某个形状转换为 IK 形状后，它无法再与 IK 形状外的其他形状合并。

 通过制作一条蛇的爬行动画，练习向形状添加骨骼的步骤，以及利用IK制作动画的过程。

实例文件：exe10-3.fla

（1）启动Flash，从配书素材\第10章下打开文件exe10-3.fla。文件中是一条由许多形状组成的小蛇，如图10-24所示，下面首先给小蛇添加骨骼。

图10-24

（2）利用【选择工具】在舞台上框选整个小蛇的形状。

（3）选择工具箱中的【骨骼工具】或按快捷键X，在舞台上，从小蛇的头部开始单击并拖动鼠标，依次画出一个骨骼链，则小蛇和骨骼链都自动移到新图层，即姿势图层。如图10-25所示。

图10-25

（4）将播放头拖到第5帧，利用【选择工具】轻轻拖动骨骼链的末端，使小蛇稍微伸展，则在姿势图层中自动记录下骨骼链的属性。用同样的方法分别在第10帧、15帧、20帧、25帧调整骨骼链的姿势，使小蛇伸缩交替，如图10-26所示。

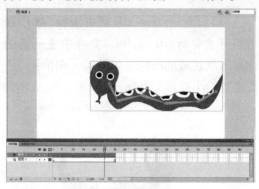

图10-26

（5）希望小蛇能够循环爬行，需要将小蛇在第1帧的姿势复制到第30帧。按Ctrl键并单击第1帧来选择第1帧，并在选择的帧上右击，从弹出的菜单中选择【复制姿势】，如图10-27所示。

图10-27

（6）将播放头拖到第30帧，然后在补间范围上右击，从弹出的菜单中选择【粘贴姿势】，则第1帧的姿势就粘贴到了第30帧，如图10-28所示。

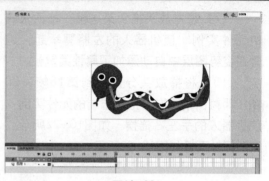

图10-28

（7）按Ctrl+Enter快捷键浏览动画，发现小蛇正在原地蠕动爬行。下面需要让小蛇从舞台的右侧爬到左侧。

（8）单击姿势图层选择它，然后选择菜单栏中的【修改】｜【转换为元件】，在弹出的窗口中设置元件类型为【影片剪辑】，单击【确定】按钮，则姿势图层转换为一个影片剪辑元件。姿势图层也变为了普通图层。将下面的空白图层删掉，如图10-29所示。

图10-29

（9）在时间轴的图层上右击，从弹出的菜单中选择【创建补间动画】，在第1帧，将舞台中小蛇的元件实例缩小并移到右侧，将播放头移到第30帧，将小蛇的元件实例移到舞台的左侧，如图10-30所示。

（10）按Ctrl+Enter快捷键浏览动画，

现在小蛇爬得可起劲了。将文件保存为"exe10-3-1.fla"。

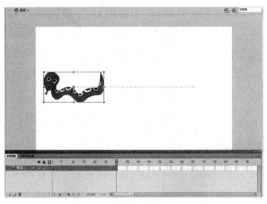

图10-30

10.2.3　绑定工具

在使用IK形状时，发现移动骨架时形状的笔触并不按令人满意的方式扭曲。

使用【绑定工具】，可以编辑单个骨骼和形状控制点之间的连接。这样，就可以控制在每个骨骼移动时笔触扭曲的方式以获得更满意的效果。

在工具箱中的【骨骼工具】上单击并稍作停顿，从弹出的选项列表中选择【绑定工具】，或按快捷键Z。即可使用【绑定工具】。

在默认情况下，形状的控制点连接到离它们最近的骨骼。

使用【绑定工具】单击控制点或骨骼，将显示骨骼和控制点之间的连接。然后可以按各种方式更改连接。

使用【绑定工具】

使用【绑定工具】的方法和技巧有许多，分别如下。

（1）使用【绑定工具】单击骨骼，将加亮显示已连接到该骨骼的控制点，已连接的点以黄色加亮显示，而选定的骨骼以红色加亮显示。仅连接到一个骨骼的控制点显示为正方形。连接到多个骨骼的控制点显示为三角形，如图10-31所示。

图10-31

（2）若要向选定的骨骼添加控制点，按住Shift键单击未加亮显示的控制点。也可以通过按住 Shift 键拖动来选择要添加到选定骨骼的多个控制点。

（3）若要从骨骼中删除控制点，按住Ctrl键单击以黄色加亮显示的控制点。也可以通过按住Ctrl键拖动来删除选定骨骼中的多个控制点。

（4）若要加亮显示已连接到控制点的骨骼，请使用【绑定工具】单击该控制点。已连接的骨骼以黄色加亮显示，而选定的控制点以红色加亮显示。

（5）若要向选定的控制点添加其他骨骼，请按住Shift键单击骨骼。

（6）若要从选定的控制点中删除骨骼，请按住Ctrl键单击以黄色加亮显示的骨骼。

10.2.4　IK骨骼面板和运动约束

在舞台上，利用【选择工具】单击骨骼，在属性检查器中显示骨骼的属性，如图10-32所示。

面板中最上面的4个箭头，用于选择相邻的骨骼或相邻的骨架分支。

【位置】项中显示的是当前骨骼的位

置、长度及角度信息。

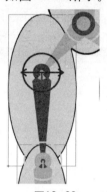

图10—32

【速度】项用于限制选定骨骼的运动速度，可在字段中输入一个值，当设为0时，所选骨骼不能运动；设为100时，表示对速度没有限制；最大值为200时，所选骨骼的运动最为灵活。

面板中下面的【联接：旋转】、【联接：X平移】、【联接：Y平移】3个部分是用于控制选定骨骼的运动自由度。即对IK骨架的运动约束，以便创建更加逼真的IK运动。

调整IK运动约束

可以启用、禁用和约束骨骼的旋转及其沿X轴或Y轴的运动。默认情况下，启用骨骼旋转，而禁用X轴和Y轴运动。启用X轴或Y轴运动时，骨骼可以不限度数地沿X轴或Y轴移动，而且父级骨骼的长度将随之改变以适应运动。

选定一个或多个骨骼时，可以在属性检查器中设置这些属性。

使用IK运动约束的方法如下。

（1）若要使选定的骨骼可以沿X轴或

Y轴移动并更改其父级骨骼的长度，请在属性检查器的【联接：X 平移】或【联接：Y平移】部分中选择【启用】。将显示一个垂直于连接骨骼的双向箭头，指示已启用X轴运动，如图10—33所示。将显示一个平行于连接骨骼的双向箭头，指示已启用Y轴运动，如图10—34所示。

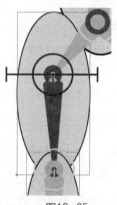
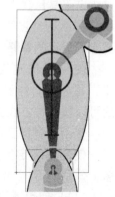

图10—33　　　　图10—34

（2）若要限制沿X轴或Y轴启用的运动量，请在属性检查器的【联接：X平移】或【联接：Y平移】部分中选择【约束】，然后输入骨骼可以平移的最小距离和最大距离。这时将在连接骨骼上显示一个活动范围，图10—35所示为X轴方向的活动范围，图10—36所示为Y轴方向的活动范围。

图10—35　　　　图10—36

（3）若要禁用选定骨骼的旋转功能，

请在属性检查器的【联接：旋转】部分中取消选中【启用】复选框。默认情况下会选中此复选框。

（4）若要约束骨骼的旋转，请在属性检查器的【联接：旋转】部分中输入旋转的最小度数和最大度数。旋转度数相对于父级骨骼。在骨骼连接的顶部将显示一个指示旋转自由度的弧形，如图10-37所示。

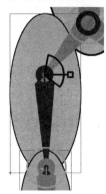

图10-37

（5）若要使选定的骨骼相对于其父级骨骼是固定的，请禁用旋转及X轴和Y轴平移。骨骼将变得不能弯曲，并跟随其父级的运动。

10.2.5　编辑IK骨架和对象

创建骨骼后，可以使用多种方法编辑它们。可以重新定位骨骼及其关联的对象，在对象内移动骨骼，更改骨骼的长度，删除骨骼，以及编辑包含骨骼的对象。

只能在仅包含初始姿势的姿势图层中的第一个帧中编辑IK骨架。如果在姿势图层的后续帧中重新定位骨架后，将无法再对骨骼结构进行更改。若要编辑骨架，请从时间轴中删除位于骨架的第一个帧之后的任何其他姿势帧。

如果只是重新定位骨架以达到动画处

理目的，则可以在姿势图层的任何帧中进行位置更改。Flash 将该帧转换为姿势帧。

1.选择骨骼和关联的对象

选择骨骼和关联的对象的方法如下。

（1）若要选择单个骨骼，请使用【选择工具】单击该骨骼。属性检查器中将显示骨骼属性。也可以通过按住Shift键单击来选择多个骨骼。

（2）若要选择相邻的骨骼，请在属性检查器中单击【父级】、【子级】或【下一个／上一个同级】按钮。

（3）若要选择骨架中的所有骨骼，请双击某个骨骼。属性检查器中将显示所有骨骼的属性。

（4）单击姿势图层，可以显示整个骨架及骨架的属性。

（5）若要选择IK形状，请单击该形状。属性检查器中将显示IK形状属性。

（6）若要选择连接到骨骼的元件实例，请单击该实例。属性检查器中将显示实例属性。

2.重新定位骨骼和关联的对象

重新定位骨骼和关联的对象的方法如下。

（1）若要重新定位骨架，可以拖动骨架中的任何骨骼。如果骨架已连接到元件实例，还可以拖动实例。若拖动骨架中的某个分支，则分支中的所有骨骼都随着移动，骨架的其他分支中的骨骼不会移动。

（2）若要将某个骨骼与其子级骨骼一起旋转而不移动父级骨骼，请按住Shift键并拖动该骨骼。

（3）若要将某个IK形状移动到舞台上的新位置，请在属性检查器中选择该形状并更改其 X 和 Y 属性。

3.删除骨骼

删除骨骼的方法如下。

（1）若要删除单个骨骼及其所有子级，请单击该骨骼并按Delete键。

通过按住Shift键单击每个骨骼可以选择要删除的多个骨骼。

（2）若要从某个IK形状或元件骨架中删除所有骨骼，请选择该形状或该骨架中的任何元件实例，然后选择【修改】｜【分离】。IK形状将还原为正常形状。

4.相对于关联的形状或元件移动骨骼

相对于关联的形状或元件移动骨骼的方法如下。

（1）若要移动IK形状内骨骼任一端的位置，请使用【部分选取工具】拖动骨骼的一端；

（2）若要移动单个元件实例而不移动任何其他连接的实例，请按住Alt键拖动该实例，或者使用任意变形工具拖动它。连接到实例的骨骼将变长或变短，以适应实例的新位置。

5.编辑IK形状

使用【部分选取工具】，可以在IK形状中添加、删除和编辑轮廓的控制点。具体操作方法如下。

（1）若要移动骨骼的位置而不更改IK形状，请拖动骨骼的端点。

（2）若要显示IK形状边界的控制点，请单击形状的笔触。

（3）若要移动控制点，请拖动该控制点。

（4）若要添加新的控制点，请单击笔触上没有任何控制点的部分。

（5）若要删除现有的控制点，请通过单击来选择它，然后按Delete键。

6.IK骨架的显示类型

使用【选择工具】单击姿势图层，则在属性检查器中显示IK骨架的属性面板，如图10-38所示。

图10-38

单击下面的【样式】按钮，弹出选项列表，如图10-39所示，共有3种骨骼的显示样式。对应舞台中骨骼的显示形式，如图10-40所示。

图10-39

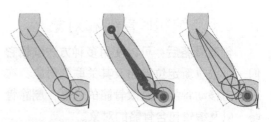

【样式】：线　　【样式】：实线　　【样式】：线框

图10-40

10.2.6　向IK动画添加缓动

通过调整围绕每个姿势的动画的速度，可以创建更为逼真的运动。控制姿势帧附近运动的加速度称为缓动。例如，在移动胳膊时，在运动开始和结束时胳膊会加速和减速。通过在时间轴中向 IK 姿势图层添加缓动，可以在每个姿势帧前后使骨架加速或减速。

向姿势图层中的帧添加缓动的步骤如下。

（1）单击姿势图层中两个姿势帧之间的帧。应用缓动时，它会影响选定帧左侧和右侧的姿势帧之间的帧。如果选择某个姿势帧，则缓动将影响图层中选定的姿势和下一个姿势之间的帧。

（2）在属性检查器中，从【缓动】菜单中选择缓动类型，如图10—41所示。

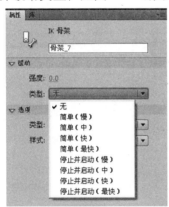

图10—41

（3）在属性检查器中，为缓动强度输入一个值。默认强度是0，即表示无缓动；最大值是100，它表示对下一个姿势帧之前的帧应用最明显的缓动效果；最小值是—100，它表示对上一个姿势帧之后的帧应用最明显的缓动效果。

本章小结

本章介绍的是 Flash CS4新增加的两种强大的动画功能。必须掌握的知识点有：①使用三维变换工具【3D旋转工具】和【3D位移工具】来制作三维动画；②理解反向运动的概念，以及【骨骼工具】和【绑定工具】的使用；③掌握向元件实例添加骨骼和向形状添加骨骼的方法；④掌握编辑IK骨架和对象的方法。

习 题

1.选择填空题

（1）三维变换工具包括【3D旋转工具】和【3D位移工具】，它只对（　　）格式的元件有效。

　A．影片剪辑元件　　B．图形元件
　C．文本元件　　　　D．按钮元件

（2）【3D旋转工具】的快捷键是（　　），【3D位移工具】的快捷键是（　　），【骨骼工具】的快捷键是（　　），【绑定工具】的快捷键是（　　）。

　A．G　　　　　　　B．X
　C．W　　　　　　　D．Z

（3）在向元件实例或形状添加骨骼时，Flash 将实例或形状及关联的骨架移动到时间轴中的一个新图层，这个新图层称为（　　）。

　A．骨架图层　　　　B．姿势图层
　C．IK图层　　　　　D．引导图层

（4）只能在仅包含初始姿势的姿势图层中的（　　）帧中编辑IK骨架。

　A．关键帧　　　　　B．属性关键帧
　C．第一个　　　　　D．最后一个

2.简答题

（1）请阐述使用IK的两种方法及它们的主要差别。

（2）请说出使用IK运动约束的方法有哪些？

3. 动手做

（1）利用三维变换工具，制作一列火车驶出镜头的动画，要求透视感强，冲击力大。

（2）利用反向运动的方式，制作一条巨龙飞舞的动画。

（3）利用反向运动的方式，制作一个正在跑步的学生的动画。

第11章   滤镜与混合

本章要点

1.滤镜的应用。

2.混合模式的应用。

11.1 滤镜

使用滤镜可以为文本、按钮和影片剪辑元件添加视觉效果，也可以使用补间动画让应用的滤镜动起来。

11.1.1 滤镜面板

选择舞台上的文本、按钮或影片剪辑元件，在属性检查器的下方出现滤镜面板，如图11-1所示。

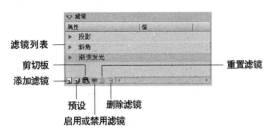

图11-1

面板中的命令含义如下。

【添加滤镜】：用于添加滤镜，或删除／启用／禁用全部滤镜。单击该按钮，弹出【添加滤镜】菜单，如图11-2所示。

图11-2

【预设】：将设置好的滤镜效果保存下来，用于其他对象。

【剪切板】：将设置好的滤镜效果复制给其他对象。

【启用或禁用滤镜】：启用或禁用滤镜列表中的某一滤镜。

【重置滤镜】：使选中的滤镜各参数恢复到初始设置。

【删除滤镜】：删除选中的滤镜。

11.1.2 应用滤镜

可以对一个对象应用多个滤镜，添加的滤镜都显示在滤镜面板的滤镜列表中，也可以删除以前应用的滤镜。

只能对文本、按钮和影片剪辑对象应用滤镜。

可以创建滤镜设置库，轻松地将同一个滤镜或滤镜集应用于其他对象。

1.应用或删除滤镜

应用或删除滤镜的操作步骤如下。

（1）选择文本、按钮或影片剪辑对象。

（2）在属性检查器的【滤镜面板】中，执行下列操作之一：

①若要添加滤镜，请单击【添加滤镜】按钮，然后从弹出的菜单中选择一个滤镜。试验不同的设置，直到获得所需效果；②若要删除滤镜，请从已应用滤

镜的列表中选择要删除的滤镜，然后单击【删除滤镜】按钮。可以删除或重命名任何滤镜。

2.复制和粘贴滤镜

在Flash中可以把应用在一个对象上的滤镜复制给其他对象，具体操作步骤如下。

（1）在舞台上选择要从中复制滤镜的对象。

（2）在【滤镜面板】中选择要复制的滤镜，并单击【剪贴板】按钮，然后从弹出的菜单中选择【复制所选】。若要复制所有滤镜，请选择【复制全部】。如图11-3所示。

图11-3

（3）选择要应用滤镜的对象，并单击【剪贴板】按钮，然后从弹出菜单中选择【粘贴】。

3.启用或禁用应用于对象的滤镜

启用或禁用应用于对象的滤镜的操作步骤如下。

（1）在滤镜列表中选择滤镜。

（2）单击【启用或禁用图标】按钮。当滤镜被禁用后，在该滤镜的右侧显示一个红色叉号，如图11-4所示。再次单击【启用或禁用图标】按钮则重新启用滤镜。

图11-4

如果按住Alt键单击禁用图标，则启用所选滤镜，并且禁用列表中的所有其他滤镜。

启用或禁用应用于对象的所有滤镜的操作步骤如下。

单击【添加滤镜】按钮，从弹出的菜单中选择【启用全部】或【禁用全部】。则滤镜列表中的滤镜就会全部启用或全部禁用。

4.创建预设滤镜库

在Flash创作中，可以把应用于某个对象的一个或多个滤镜效果保存为"预设"，并将其放在预设滤镜库中，其他对象可以直接调用，从而节省制作时间。

创建预设滤镜库的操作步骤如下。

（1）在舞台上选择对象，在滤镜面板中，单击【添加滤镜】按钮，将一个或多个滤镜应用到对象。如图11-5所示。

图11-5

（2）单击【预设】按钮，从弹出的菜单中选择【另存为】。如图11-6所示。

图11-6

（3）在【将预设另存为】对话框中，

输入滤镜预设的名称，然后单击【确定】按扭。如图11-7所示，则滤镜列表中的滤镜及其参数设置都保存在该预设中。

图11-7

（4）其他对象要调用上面保存的预设时，首先在舞台上选择要用预设的对象，然后单击【预设】按钮，从弹出的菜单中选择刚保存的预设，如图11-8所示。则预设中滤镜的效果就应用到了新的对象。

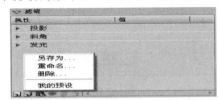

图11-8

（5）若要删除预设，只需在【预设】菜单中选择【删除】，弹出【删除预设】窗口，如图11-9所示，选择要删除的预设，然后单击【删除】按钮即可。

图11-9

（6）若要重命名预设，只需在【预设】菜单中选择【重命名】，弹出【重命

名预设】窗口，如图11-10所示，双击要重命名预设的名称，重新输入新的名称，然后单击【重命名】按钮即可。

图11-10

 学习给文字添加滤镜效果的方法及滤镜的属性设置和编辑方法，了解滤镜在实际工作中的应用。

实例文件：exe11-1.fla

（1）启动Flash，新建一个文件，另存为exe11-1.fla。

（2）单击工具栏中的【文本工具】按钮 T 。在舞台中央输入"Flash CS4"。如图11-11所示。

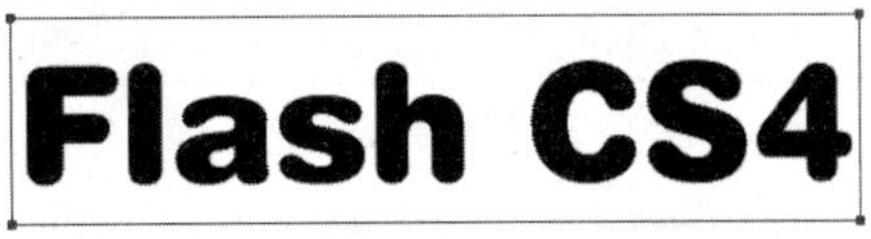

Flash CS4

图11-11

（3）单击属性检查器面板下方的【添加滤镜】按钮，弹出滤镜选择列表。从中选择要添加的滤镜。此处先选择【投影】滤镜，则在滤镜窗口的空白处显示滤镜的属性参数，如图11-12所示。可以通过调整滤镜的参数达到所要的投影效果，如图11-13所示。

图11-12

（4）再次单击【添加滤镜】按钮，从滤镜列表中选择【斜角】滤镜，则文字的边缘添加了立体斜角的效果，如图11-14所示。

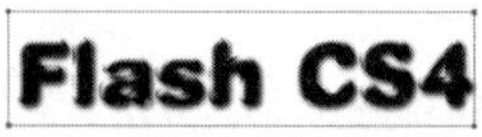

Flash CS4　　**Flash CS4**

图11-13 　　　　图11-14

（5）现在想把上面的效果保存下来，用于其他文本，可以单击【预设】按钮，从弹出的菜单中选择【另存为】，在弹出的窗口中输入要保存的预设的名称"我的滤镜"，如图11-15所示，单击【确定】按钮即可。

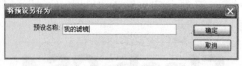

图11-15

（6）在舞台的下方输入"China"，然后单击【预设】按钮，从弹出的菜单中选择【我的滤镜】，如图11-16所示。则上面保存下来的滤镜效果添加到了新的文本上，如图11-17所示。

图11-16 　　　　图11-17

（7）若想把保存下来的预设【我的滤镜】从Flash中删除，则单击【预设】按钮，从弹出的菜单中选择【删除】，这时弹出【删除预设】窗口，如图11-18所示，从中选择【我的滤镜】，然后单击 删除 按钮，即可删除。

图11-18

（8）若想把预设【我的滤镜】中的滤镜【斜角】单独应用到其他文本，可以在滤镜窗口面板中选择【斜角】，然后单击【剪切板】，从弹出的菜单中选择【复制所选】，如图11-19所示。

图11-19

（9）在舞台中输入文字"English"，再次单击【剪切板】，从弹出的菜单中选择【粘贴】，则在预设【我的滤镜】中的【斜角】滤镜效果应用到了新的文本上，如图11-20所示。

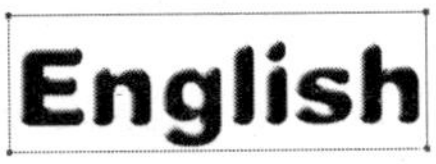

图11-20

（10）保存文件即可。

 每个滤镜都包含控件，可以调整所应用滤镜的强度和质量。在运行速度较慢的计算机上，使用较低的设置可以提高性能。如果创建要在一系列不同性能的计算机上回放的内容，或者不能确定观众可使用的计算机的计算能力，请将质量级别设置为"低"，以实现最佳的回放性能。

11.1.3　滤镜库

在Flash CS4的滤镜库中共有7种滤镜，分别是投影、模糊、发光、斜角、渐变发光、渐变斜角、调整颜色。下面逐个介绍一下它们的功能效果和主要的参数设置。

1.投影滤镜

投影滤镜模拟对象投影到一个表面的阴影效果。图11-21所示为应用了投影滤镜的文本效果。

投影滤镜

图11-21

给对象添加了投影滤镜后，在滤镜面板的滤镜列表区可以对其进行参数设置，如图11-22所示。

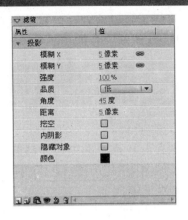

图11-22

其各项参数的含义如下。

【模糊X】：设置投影的宽度。

【模糊Y】：设置投影的高度。

【强度】：设置阴影的暗度。数值越大，阴影就越暗。

【品质】：选择投影的质量级别。设置为"高"则近似于高斯模糊。设置为"低"可以实现最佳的回放性能。

【角度】：设置阴影的角度。

【距离】：设置阴影与对象之间的距离。

【挖空】：可挖空（即从视觉上隐藏）源对象，并在挖空图像上只显示投影。效果如图11-23所示。

投影滤镜

图11-23

【内阴影】：在对象边界内应用阴影。效果如图11-24所示。

投影滤镜

图11-24

【隐藏对象】：隐藏对象并只显示其

阴影。可以更轻松地创建逼真的阴影。效果如图11-25所示。

投影滤镜

图11-25

【颜色】：打开颜色选择器并设置阴影颜色。

2.模糊滤镜

模糊滤镜可以柔化对象的边缘和细节。将模糊应用于对象，可以让它看起来好像位于其他对象的后面，或者使对象看起来好像是运动的。图11-26所示为应用了模糊滤镜的文本效果。

模糊滤镜

图11-26

给对象添加了模糊滤镜后，在滤镜面板的滤镜列表区可以对其进行参数设置，如图11-27所示。其参数的含义如下。

图11-27

【模糊X】：设置模糊的宽度。

【模糊Y】：设置模糊的高度。

【品质】：选择模糊的质量级别。设置为"高"则近似于高斯模糊。设置为"低"可以实现最佳的回放性能。

3.发光滤镜

使用发光滤镜，可以使对象的周边添加另一种颜色的边框。图11-28所示为应用了发光滤镜的文本效果。

发光滤镜

图11-28

给对象添加了发光滤镜后，在滤镜面板的滤镜列表区可以对其进行参数设置，如图11-29所示。其参数的含义如下。

图11-29

【模糊X】：设置发光的宽度。

【模糊Y】：设置发光的高度。

【强度】：设置发光的清晰度。

【品质】：选择发光的质量级别。设置为"高"则近似于高斯模糊，设置为"低"可以实现最佳的回放性能。

【颜色】：打开颜色选择器并设置发光的颜色。

【挖空】：挖空（即从视觉上隐藏）源对象并在挖空图像上只显示发光效果。其效果如图11-30所示。

图11-30

【内发光】：在对象边界内应用发光。图11-31所示为用了【挖空】也用了

【内发光】的滤镜效果。

发光滤镜

图11-31

4.斜角滤镜

斜角滤镜就是向对象应用加亮效果，使其看起来凸出于背景表面。图11-32所示为应用了斜角滤镜的文本效果。

斜角滤镜

图11-32

给对象添加了斜角滤镜后，在滤镜面板的滤镜列表区可以对其进行参数设置，如图11-33所示。其参数的含义如下。

【模糊X】：设置斜角的宽度。

【模糊Y】：设置斜角的高度。

【强度】：设置斜角上的高光强度。

【品质】：选择斜角的质量级别。设置为"高"则斜角更逼真；设置为"低"可以实现最佳的回放性能。

【阴影】：从弹出的调色板中，选择斜角阴影部分的颜色。

图11-33

【加亮显示】：从弹出的调色板中，选择斜角高光部分的颜色。

【角度】：更改斜边投下的阴影角度。

【距离】：定义斜角的宽度。

【挖空】：挖空（即从视觉上隐藏）源对象并在挖空图像上只显示斜角效果。其效果如图11-34所示。

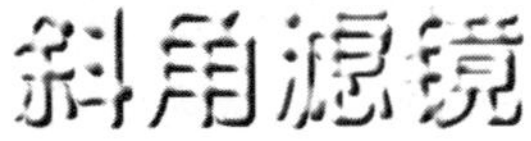

斜角滤镜

图11-34

【类型】：设置斜角的类型。共有3种类型：内侧、外侧、全部，即向内斜角、向外斜角或向内向外同时斜角。

5.渐变发光滤镜

渐变发光滤镜可以在发光表面产生带渐变颜色的发光效果。图11-35所示为应用了斜角滤镜的文本效果。

渐变发光

图11-35

给对象添加了渐变发光滤镜后，在滤镜面板的滤镜列表区可以对其进行参数设置，如图11-36所示。其中前面7项参数的含义与【发光滤镜】的完全一样，后面两项参数的含义如下。

图11-36

【类型】：设置渐变发光的类型。共有3种类型：内侧、外侧、全部，即向内发光、向外发光或向内向外同时发光。

【渐变】：指定发光的渐变颜色。渐变包含两种或多种可相互淡入或混合的颜色，如图11-37所示。渐变开始颜色称为Alpha 颜色。渐变发光要求渐变开始处颜色的Alpha值为0。不能移动此颜色的位置，但可以改变该颜色。单击渐变定义栏或渐变定义栏的下方向渐变中添加颜色指针。单击颜色指针，从弹出的颜色选择器中选择该处的颜色。滑动这些指针，可以调整该颜色在渐变中的级别和位置。将指针向下拖离渐变定义栏，可以删除指针。

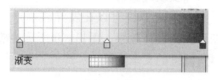

图11-37

6.渐变斜角滤镜

应用渐变斜角可以产生一种凸起效果，使得对象看起来好像从背景上凸起，且斜角表面有渐变颜色。图11-38所示为应用了渐变斜角滤镜的文本效果。

渐变斜角

图11-38

图11-39所示为渐变斜角滤镜的参数设置窗口，其中所有参数的含义均在前面的滤镜中介绍，唯一有所不同的是最后一个参数【渐变】，渐变斜角要求【渐变】颜色的中间有一种颜色的Alpha 值为0，其他对于渐变颜色的操作与【渐变发光】滤镜中的一样。如图11-40所示。

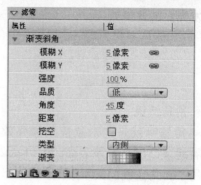

图11-39

图11-40

7.调整颜色滤镜

调整颜色滤镜可以很好地控制所选对象的颜色属性，包括对比度、亮度、饱和度和色相。图11-41所示为其参数设置窗口。

这些参数的含义如下。

【亮度】：调整对象的亮度。

【对比度】：调整对象的亮部、阴影及中间色调的对比。

【饱和度】：调整对象颜色的强度。

【色相】：调整对象颜色的种类。

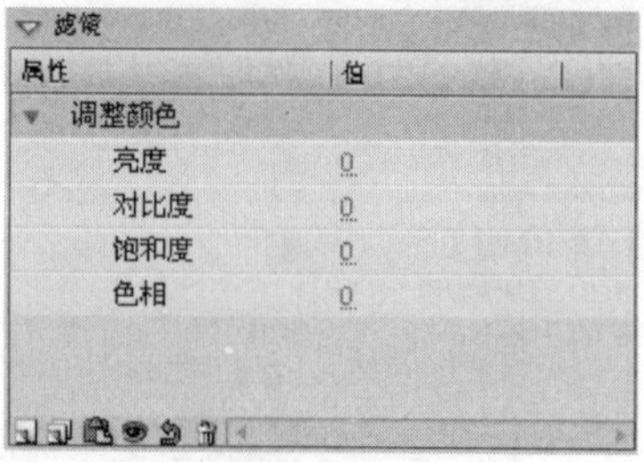

图11-41

11.2 混合模式

将两个对象的颜色通道通过某种数学

计算方法混合叠加在一起，可以产生一种特殊的混合效果，这就是Flash中的混合模式。使用混合模式可以创建复合图像。

11.2.1 添加混合模式

混合模式只对按钮元件和影片剪辑元件有效。添加混合模式的具体操作步骤如下。

（1）在舞台上选择按钮元件实例或影片剪辑元件实例。

（2）单击属性面板中【显示】项下面的【混合模式】按钮，弹出混合类型菜单，如图11-42所示，共含有14个选项。

图11-42

（3）从中选择混合模式，并验证所选混合模式直到获得想要的混合效果。

同一个对象只能应用一种混合模式，如需要删除混合效果，只需在混合类型菜单中选择【一般】即可。

11.2.2 混合模式的类型

Flash中的每种混合模式的混合效果还取决于应用混合的对象的颜色和基础颜色。要想获得理想的混合效果，通常配合利用属性面板上的【色彩效果】选项来调整对象的颜色属性。

下面分别简要介绍一下这14种混合模式的功能。

【一般】：正常合成，不产生混合。

【图层】：可以层叠各个影片剪辑，而不影响其颜色。

【变暗】：只替换比混合颜色亮的区域。比混合颜色暗的区域将保持不变。

【正片叠底】：将基准颜色与混合颜色复合，从而产生较暗的颜色。

【变亮】：只替换比混合颜色暗的像素。比混合颜色亮的区域将保持不变。

【滤色】：将混合颜色的反色与基准颜色复合，从而产生漂白效果。

【叠加】：复合或过滤颜色，具体操作须取决于基准颜色。

【强光】：复合或过滤颜色，具体操作须取决于混合模式颜色。该效果类似于用点光源照射对象。

【增加】：在基准颜色的基础上增加混合颜色。通常用于在两个图像之间创建动画的变亮分解效果。

【减去】：去除基准颜色中的混合颜色。通常用于在两个图像之间创建动画的变暗分解效果。

【差值】：从基色减去混合色或从混合色减去基色，具体取决于哪一种的亮度值较大。该效果类似于彩色底片。

【反相】：反转基准颜色。

【Alpha】：应用Alpha遮罩层。

【擦除】：删除所有基准颜色像素，包括背景图像中的基准颜色像素。

灵活使用对象的混合模式，可以得到丰富的色彩效果，尤其适用于制作复杂的动画背景。

利用Flash中的滤镜和混合模式，制作五彩斑斓的蝴蝶飞舞效果。

实例文件：exe11—2.fla

（1）启动Flash CS4，从配书素材\第11章下打开文件"exe11—2.fla"。文件中有一个影片剪辑元件"蝴蝶飞舞"和一个作为背景的位图文件。如图11—43所示。

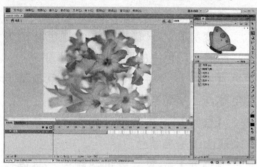

图11—43

（2）新建图层，命名为"蝴蝶1"，将影片剪辑元件"蝴蝶飞舞"从【库】中拖到舞台上。

（3）选择"蝴蝶飞舞"元件实例，在【滤镜】面板中单击【添加滤镜】按钮，从弹出的菜单中选择【发光】，并对参数进行设置，如图11—44所示。

图11—44

（4）再次单击【添加滤镜】按钮，从弹出的菜单中选择【渐变发光】，并对参数进行设置，这时【滤镜】面板如图11—45所示。

图11—45

此时舞台中蝴蝶的效果如图11—46所示。

图11—46

（5）利用【创建补间动画】在该图层中设置动画，使蝴蝶上下飞舞，如图11—47所示。

Flash 2D
Animation Tutorial

图11-47

图11-49

（6）按Ctrl+Enter快捷键浏览动画。可以看到一只发光的蝴蝶在翩翩起舞。

（7）新建图层，命名为"蝴蝶2"，将影片剪辑元件"蝴蝶飞舞"从【库】中拖到舞台上，适当缩小该元件实例。

（8）在舞台中选择该元件实例，在【属性检查器】中单击【混合模式】按钮，从弹出的菜单中选择【差值】，这时蝴蝶变为漂亮的蓝色，如图11-48所示。

（10）按Ctrl+Enter快捷键浏览动画。这时两只风格完全不同的蝴蝶在飞舞。如图11-50所示。利用相同的方法，还可以添加不同风格的蝴蝶。不妨自己练习一下。

图11-50

（11）将完成的文件保存为"exe11-2-1.fla"。

本章小结

滤镜与混合模式是Flash中的两种辅助功能，可以制作一些特殊效果。必须掌握的知识点有：①滤镜的使用方法和滤镜库

图11-48

（9）利用【创建补间动画】在该图层中设置动画，使蝴蝶上下飞舞，如图11-49所示。

中7种滤镜的基本功能。②混合模式的使用方法和14种混合模式的合成效果。

习 题

1.选择填空题

（1）使用滤镜可以为（　）元件添加视觉效果。

A．影片剪辑元件　　　B．图形元件

C．文本元件　　　　　D．按钮元件

（2）混合模式只对（　）元件有效。

A．影片剪辑元件　　　B．图形元件

C．文本元件　　　　　D．按钮元件

2.动手做

（1）利用滤镜效果制作一段标题字幕动画。

（2）利用混合模式制作一段各种彩色气球在蓝色天空中飞舞的动画。

第12章　音频和视频

本章要点

1.音频文件在Flash中的应用。

2.视频文件在Flash中的应用。

12.1　使用声音

声音是Flash作品中不可或缺的，有了声音，动画作品才有了生命力，工作才变得更有趣也更引人入胜。Flash可以导入声音并在导入后对声音进行编辑。可以将声音附加到不同类型的对象，并用各种方式触发这些声音。

12.1.1　支持的声音格式

Flash CS4支持大多数声音文件格式，这儿介绍几种常用的声音格式，可以根据需要进行选择。

WAV（*.wav）：Windows PC机上的数字音频的标准文件。导入的WAV文件可以是立体声，也可以是非立体声，支持多种比特率和频率。

AIFF（*.aiff、*.aif）：是苹果机（Macintosh）上最常用的数字音频格式，可以是立体声，也可以是非立体声，支持多种比特率和频率。

MP3（*.mp3）：是当下非常流行的一种音频格式，既可在PC机上也可以在苹果机上导入使用。

上面3种格式最为常用，有时也可能用到下面几种格式。

ASND（*.asnd）：这是Adobe Soundbooth的本机声音格式。

只有声音的QuickTime影片（*.mov、*.qt）：只有当系统上安装了QuickTime 4或更高版本，才可以支持这些声音文件格式。

Sun AU（*.au）：经常用于网页上支持声音的Java applet程序。

声音要使用大量的磁盘空间和RAM。mp3声音数据经过了压缩，比WAV或AIFF声音数据小。通常，使用WAV或AIFF文件时，最好使用16～22 kHz 单声（立体声使用的数据量是单声的两倍），但是Flash可以导入采样比率为11 kHz、22 kHz或44 kHz的8位或16位的声音。当将声音导入到Flash时，如果声音的记录格式不是11 kHz的倍数（如8、32或96 kHz），将会重新采样。Flash在导出时，会把声音转换成采样比率较低的声音。

如果要向Flash中添加声音效果，最好导入16位声音。如果RAM有限，应使用短的声音剪辑或用8位声音而不是16位声音。

12.1.2　添加声音

Flash CS4提供多种使用声音的方式。可以使声音独立于时间轴连续播放，或使用时间轴将动画与音轨保持同步。向按钮添加声音可以使按钮具有更强的互动性，通过声音淡入淡出还可以使音轨更加优美。

Flash中有两种声音类型：事件声音和数据流。事件声音必须完全下载后才能开始播放，除非明确停止，否则它将一直连续播放。数据流在前几帧下载了足够的数据后就开始播放，数据流能与时间轴同步，便于在网站上播放。

1.导入声音

导入声音的方式有两种，一种是把外部声音文件导入到库，另一种是从Flash自带的公用库中导入。

将外部声音文件导入到库的操作步骤如下。

（1）选择【文件】|【导入】|【导入到库】。

（2）在【导入到库】对话框中，定位所需的声音文件，如图12-1所示。

图12-1

（3）单击【打开】按钮，则所选的声音文件导入到库中。

Flash CS4包含一个【声音库】，其中包含可用做效果的多种有用的声音。具体应用步骤如下。

（1）选择【窗口】|【公用库】|【声音】。打开【声音库】，如图12-2所示。

（2）在【声音库】中选择需要的声音文件，将其拖动到Flash文件的【库】面板

中，或者直接拖到舞台上，添加到相应的时间轴上。也可以将【声音库】中的声音拖动到其他共享库中。

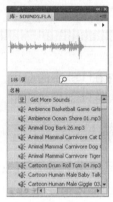

图12-2

2.将声音添加到时间轴

可以通过把声音添加到时间轴上来为Flash动画添加声音。可以把多个声音放在一个图层上，但最好将每个声音放在一个独立的图层上。播放SWF文件时，会混合所有图层上的声音。

将声音添加到时间轴的具体操作步骤如下。

（1）将声音导入到【库】中。

（2）选择【插入】|【时间轴】|【图层】，或直接单击【新建图层】按钮来创建新图层作为声音层。

（3）选定新建的声音层后，将声音从【库】中拖到舞台中。则声音就会添加到当前层中。这时在图层上出现了一个声音波形，如图12-3所示。

图12-3

（4）若想要声音从时间轴的某一帧开始播放，可在该帧处按F7键插入空白关键帧，然后将声音文件从库中拖到舞台上，如图12-4所示。

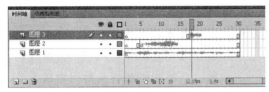

图12-4

若要测试声音，请在包含声音的帧上拖动播放头；或按Enter键浏览声音；或选择【窗口】|【工具栏】|【控制器】，利用【控制器】面板；或使用【控制】菜单中的命令。

12.1.3　编辑声音

Flash本身可以对添加的声音增加一些效果，也可以进行一些简单的编辑。

对于不同类型的声音文件，Flash CS4还提供了相应的专业声音处理软件接口，可以直接通过这些软件进行编辑。

1.在属性面板中编辑声音效果

在时间轴上，选择包含声音文件的第一个帧。在属性检查器中显示声音文件的属性面板，如图12-5所示。

图12-5

声音属性面板中各项的含义如下。

【名称】：单击该按钮，显示当前文件的库中所有的声音文件，如图12-6所示，从中可以选择当前图层中当前关键帧处要应用的声音文件。

图12-6

【效果】：单击该按钮，弹出效果选项菜单，如图12-7所示，菜单中各个选项的含义如下。

图12-7

- 【无】：不对声音文件应用效果。选中此选项将删除以前应用的效果。
- 【左声道】：只在左声道中播放声音。
- 【右声道】：只在右声道中播放声音。
- 【向右淡出】：将声音从左声道切换到右声道。
- 【向左淡出】：将声音从右声道切换到左声道。
- 【淡入】：随着声音的播放逐渐增

加音量。

● 【淡出】：随着声音的播放逐渐减小音量。

● 【自定义】：可以使用【编辑封套】创建自定义的声音淡入和淡出点（稍后介绍【编辑封套】）。

● 【同步】：单击该按钮，弹出【同步】选项菜单，如图12-8所示。

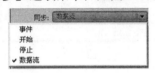

图12-8

其中各选项的含义如下。

● 【事件】：会将声音和一个事件的发生过程同步起来。事件声音（如单击按钮时播放的声音）在显示其起始关键帧时开始播放，并独立于时间轴完整播放，即使SWF文件停止播放也会继续，直到该声音文件播放完为止。当播放发布的SWF文件时，事件声音会混合在一起。

● 【开始】：与【事件】选项的功能相近，但是如果声音已经在播放，则新声音实例就不会播放。

● 【停止】：使指定的声音静音。

● 【数据流】：可以将声音与动画同步，便于在网站上播放。与事件声音不同，数据流随着SWF文件的停止而停止。

● 【重复】：单击该按钮，弹出选项菜单，共有两个选项，如图12-9所示。其含义分别如下。

图12-9

● 【重复】：在右侧的文本字段中输入一个值，以指定声音重复播放的次数。

● 【循环】：声音文件会连续重复播放。

 如果需要连续播放声音，可以选择【重复】并输入一个足够大的数，以便在扩展持续时间内播放声音。不建议选用【循环】播放数据流。如果将数据流设为循环播放，文件的大小就会根据声音循环播放的次数而倍增。

2．在【编辑封套】中编辑声音

可以通过【编辑封套】来定义声音的起始点，或在播放时控制声音的音量。还可以改变声音开始播放和停止播放的位置。这对于通过删除声音文件的无用部分来减小文件的大小是很有用的。也可以自定义淡入淡出等声音效果。

在时间轴上，选择包含声音文件的第一个帧。在声音属性面板中单击【效果】按钮右侧的【编辑封套】按钮🖉，或者单击【效果】按钮，从弹出的效果菜单中选择【自定义】，则弹出【编辑封套】对话框，各部分的含义如图12-10所示。

图12-10

在【编辑封套】对话框中可以进行如

下操作。

（1）通过拖动【开始时间】和【结束时间】控件，改变声音的起始点和终止点。

（2）通过拖动【封套手柄】来改变声音中不同点处的声音大小级别。封套线显示声音播放时的音量。若要创建其他封套手柄（总共可达8个），请单击封套线。若要删除封套手柄，请将其拖出窗口。图12-11所示为创建的淡入淡出的声音效果。

（3）若要改变窗口中显示声音的多少，请单击【放大】或【缩小】按钮。

（4）要在秒和帧之间切换时间线上的时间单位，请单击【秒】和【帧】按钮。

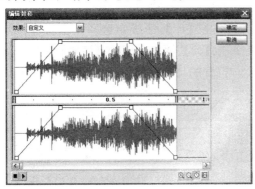

图12-11

（5）若要听编辑后的声音，请单击【播放】按钮；单击【停止】按钮停止播放。

3.在专业音频处理软件中编辑声音

若系统中安装了Adobe Soundbooth、Cool Edit Pro、QuickTime等声音编辑播放软件，可以在Flash中通过要编辑的声音文件直接调用相应的音频处理软件，具体操作步骤如下。

（1）在【库】面板中，要编辑的声音文件上右击，从弹出的菜单中选择想要调用的

音频处理软件，如图12-12所示。

图12-12

（2）打开选择的音频处理软件，编辑完文件后，保存该文件。

（3）返回到Flash，在【库】面板中可以看到声音文件的编辑后版本。

12.1.4　导出声音

在Flash中添加完声音后，还可以对声音的属性进行设置，以便于在导出Flash文件时有一个合理的文件大小和声音品质。这主要取决于对声音文件的压缩方式和采样比率。声音的压缩倍数越大，采样比率越低，声音文件就越小，声音品质也越差。应当通过实验找到声音品质和文件大小的最佳平衡。

1.压缩声音用于导出

对导出声音的大小和品质有影响的属性设置主要取决于两个方面：一个是在【发布设置】对话框中，为整个Flash文件中的事件声音或音频流选择全局压缩设置；另一个是在【声音属性】对话框中，对选择的声音文件设置压缩方式。下面分别介绍这两种方式的具体设置步骤。

在【发布设置】对话框中设置压缩方式的步骤如下。

（1）选择【文件】|【发布设置】|【Flash】，打开【发布设置】对话框，如图12-13所示。

图12-13

（2）单击【音频流】或【音频事件】右侧的【设置】按钮，打开【声音设置】对话框，如图12-14所示，从中可以分别设置文件中【音频流】和【音频事件】声音的压缩方式。默认的压缩方式为MP3。

图12-14

（3）单击【压缩】方式按钮，打开压缩方式选项列表，如图12-15所示，有5个选项，【禁用】使文件中所有的声音文件静音；另外的【ADPCM】、【MP3】、【原始】、【语音】为4种压缩方式，在随后介绍。

图12-15

在【声音属性】对话框中设置压缩方式的步骤如下。

（1）执行下列操作之一，可以打开【声音属性】对话框。

①双击【库】面板中的声音图标。

②右击【库】面板中的声音文件，从弹出的菜单中选择【属性】。

③在【库】面板中选择一个声音，然后在面板右上角的【面板】菜单中选择【属性】。

④在【库】面板中选择一个声音，然后单击【库】面板底部的【属性】按钮。

打开的【声音属性】对话框如图12-16所示。

图12-16

（2）单击【压缩】方式按钮，打开压缩方式选项列表，如图12-17所示，其中的【默认值】表示在导出 SWF 文件时，将使用【发布设置】对话框中的全局压缩设置；其他4个选项与图12-15中的一样。

图12-17

图12-19

（3）单击选择的压缩方式，并可设置下面的各项压缩参数。

一个声音文件如果在【声音属性】对话框中没有选择压缩方式，则采用【发布设置】中的压缩设置。如果在【声音属性】对话框中选择了压缩方式，则导出时以该设置为准。

2．ADPCM压缩选项

ADPCM压缩用于设置8位或16位声音数据的压缩。导出较短的事件声音（如单击按钮）时，可以使用ADPCM设置。

在【声音属性】对话框中，选择【压缩】选项列表中的【ADPCM】选项，如图12-18所示。

图12-18

其中各项参数的含义如下。

【预处理】：选择"将立体声转换为单声道"（单声道不受此选项的影响）会将混合立体声转换成非立体声（单声道）。

【采样率】：控制声音保真度和文件大小。较低的采样率会减小文件大小，但也会降低声音品质。其选项如图12-19所示。

● 【5kHz】：对于语音来说，这是最低可接受标准。

● 【11kHz】：对于音乐短片来说，这是建议的最低声音品质，是标准CD比率的四分之一。

● 【22kHz】：是用于Web回放的常用选择，是标准CD比率的二分之一。

● 【44kHz】：是标准的 CD音频比率。

注：Flash不能增加导入声音的 kHz 比率，使之高于导入时的比率。

【ADPCM位】：指定声音压缩的位深度。位深度越高，生成声音的品质就越高。

3．MP3压缩选项

选择【MP3】压缩，可以以MP3压缩格式导出声音。当导出像乐曲这样较长的音频流时，可以使用MP3选项。

如果要导出一个以MP3格式导入的文件，导出时可以使用该文件导入时的相同设置。

在 【声音属性】 对话框中，选择【压缩】选项列表中的【MP3】选项，如图12-20所示。

图12-20

其中各项参数的含义如下。

【比特率】：确定已导出声音文件中每秒的位数。Flash支持8 kbps到160 kbps CBR（恒定比特率）。单击打开选项列表，如图12—21所示，导出音乐时，为获得最佳效果，应将比特率设置为16 kbps或更高。

图12—21

【预处理】：将混合立体声转换成非立体声（单声不受此选项的影响）。该选项只有在选择的比特率为20 kbps或更高时才可用。

【品质】：决定了压缩速度和声音品质，单击打开选项列表，如图12—22所示。

图12—22

● 【快速】：压缩速度较快，但声音品质较低。

● 【中等】：压缩速度较慢，但声音品质较高。

● 【最佳】：压缩速度最慢，但声音品质最高。

4.原始压缩选项

【原始】导出声音时不进行声音压缩。在【声音属性】对话框中，选择【压缩】选项列表中的【原始】选项，如图12—23所示。

图12—23

其中各项参数的含义与【ADPCM】选项的一样。

5.语音压缩选项

语音压缩采用适合于语音的压缩方式导出声音。

在【声音属性】对话框中，选择【压缩】选项列表中的【语音】选项，如图12—24所示。

图12—24

其中各项参数的含义如下。

【采样率】：控制声音保真度和文件大小。较低的采样比率可以减小文件大小，但也会降低声音品质。单击打开选项列表，如图12—25所示，从下面的选项中进行选择。其中各项采样率的含义与ADPCM压缩选项中的一样。

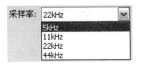

图12-25

导出Flash文件声音的准则除了采样比率和压缩外，下面几种方法也可以使声音保持较小的文件大小。

（1）设置切入和切出点，避免静音区域存储在Flash文件中，从而减小文件中的声音数据的大小。

（2）通过在不同的关键帧上应用不同的声音效果（如音量封套，循环播放和切入/切出点），从同一声音中获得更多的变化。

（3）可以将短声音循环播放作为背景音乐。

（4）不要将设置为【数据流】的声音设置为循环播放。

给一段动画添加背景音乐、中文解说和英文对话，练习声音的导入、添加、编辑和导出步骤。

实例文件：exe12-1.fla

（1）启动Flash，从配书素材\第12章下打开文件exe12-1.fla。文档件中有两段已经完成的动画，两个小朋友在沙滩上锻炼，相遇后相互用英语打招呼。需要为这段动画添加上背景音乐、中文解说和英文对话。单击【库】面板中的"音频"文件夹，所有的声音已经导入其中，如图12-26所示，下面就将它们分别添加到时间轴上。

图12-26

（2）首先要为第一段动画添加背景音乐，在主时间轴上新建一图层，命名为"背景音乐"，将【库】面板中的音频文件"背景音乐1.mp3"拖到舞台上，"背景音乐"图层上出现了波纹，说明该音频文件添加到了该图层，如图12-27所示。

图12-27

（3）在属性检查器中设置【同步】为数据流。拖动播放头浏览声音，然后按Ctrl+Enter键浏览动画与声音的协调情况，发现音乐结束得有些晚了。

（4）在属性检查器中单击【编辑声音封套】按钮，在【编辑封套】对话框中，在音乐的末端利用【封套手柄】将音乐提前结束大约1秒钟，如图12-28所示。

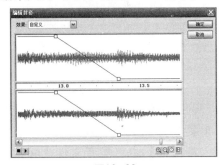

图12-28

187

（5）再次按Ctrl+Enter快捷键浏览动画，发现音乐与画面正合拍。

（6）在主时间轴上新建一图层，命名为"解说"，分别在第48帧、76帧、108帧按F7键，创建空白关键帧，将播放头放到第48帧，然后将【库】面板中的配音文件"解说1.wav"拖到舞台上，从而将该文件加到了第48帧。用相同的方法把配音文件"解说2.wav"、"解说3.wav"分别加到第76帧和第108帧，如图12-29所示。

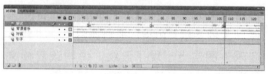

图12-29

（7）按Ctrl+Enter快捷键浏览动画，第一段动画的配音配乐就完成了。下面再为第二段动画的人物配上音。

（8）由于给人物配音需要对口型，在主时间轴上看不到人物的动作，所以无法在主时间轴上完成。将播放头拖到第二段动画上，双击舞台上的对象，进入到影片剪辑元件"MOVE1"的编辑区，如图12-30所示。

图12-30

（9）在时间轴上新建一图层，命名为"对话"。在第5帧按F7键创建空白关键帧，从【库】中将配音文件"how are

you1.wav"拖到舞台上，在第21帧创建空白关键帧，然后将配音文件"你好1.wav"拖到舞台上。按Enter键浏览声音。用相同的方法给后面的3句话配上英文和中文解说的配音，如图12-31所示。

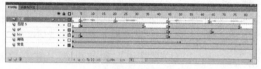

图12-31

（10）将文件另存为exe12-1-1.fla，单击【场景1】按钮回到场景状态，按Ctrl+Enter快捷键浏览动画。一段中英文情景对话的配音就完成了。下面需要根据用途进行输出动画了。

（11）单击菜单栏中的【文件】|【发布设置】，打开【发布设置】面板，在【格式】选项卡中选择【Flash】类型，其他均关闭。在【Flash】选项卡中单击【音频流】右侧的【设置】按钮，从弹出的【声音设置】对话框中选择压缩方式为【ADPCM】，如图12-32所示。

图12-32

（12）单击【确定】按钮，再单击【发布设置】面板上的【发布】按钮，则在文件保存的路径下生成文件"exe12-1-1.flw"。也可以在【发布设置】面板上单击【确定】按钮，然后按Ctrl+Enter键浏览动画，同时也生成了FLW文件。

12.2 使用视频

Flash CS4 Professional 是一个功能非常强大的工具，可以将视频镜头融入基于Web的演示文稿。FLV和F4V(H.264) 视频格式是Flash的专用视频格式，允许将视频、数据、图形、声音和交互式控制融为一体。可以轻松地将视频以任何人都可以查看的格式放在网页上。

12.2.1 Flash视频编码

要将视频导入到Flash中，必须使用以FLV或F4V(H.264)格式编码的视频。在导入视频时，Flash自动检查导入的视频文件，如果视频不是Flash可以播放的格式，则会提醒。如果视频不是FLV或F4V格式，则可以使用Adobe Media Encoder软件以适当的格式对视频进行编码。

首先系统中必须安装了Adobe Media Encoder软件。下面通过一个实例来学习利用该软件进行编码的具体操作步骤。

通过这个练习，学习利用Adobe Media Encoder软件对视频文件进行编码的步骤。
实例文件：exe12-2.fla

（1）启动Adobe Media Encoder 软件，软件界面如图12-33所示。

图12-33

（2）单击【添加】按钮，或选择【文件】|【添加】，从弹出的对话框中定位并选择要进行编码的视频文件，如图12-34所示。此处从配书素材\第12章下选择文件TD001.avi。

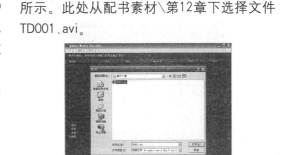

图12-34

（3）单击【打开】按钮，则选择的视频文件就添加到了软件中，如图12-35所示，还可以继续添加视频文件。

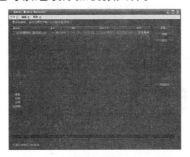

图12-35

（4）单击【格式】列下的箭头按钮，打开视频输出格式选项菜单，如图12-36所示，从中选择想要的格式。此处使用默认的FLV|F4V。

图12-36

（5）单击【预设】列下的箭头按钮，打开所选的视频格式的预设格式选项菜单，如图12-37所示，可以根据需要从中选择想要的格式。此处使用默认格式。

图12-37

（6）单击【输出文件】列下的文本字段，可重新定义输出视频的文件名。

（7）单击【开始队列】按钮，开始进行编码。编码完成后的文件被保存为TD001.f4v，可以在Flash中调用。

 Adobe Media Encoder 软件可以对几乎所有常用的视频文件进行编码，如AVI、DV、MPG、MOV、WMV等；还可以对常见的音频文件，如AIF、WAV、MP3等及常用的图形文件进行编码。

12.2.2 添加视频

可以通过以下方式将视频融入Flash中。

（1）使用Adobe Flash Media Server流式加载视频。

（2）从Web服务器渐进式下载视频。

（3）在Flash文件中嵌入视频。

前两种方式主要用于网上传播和网页建设，不是本书的重点，下面只就第3种方式作简单介绍。

在Flash文件中嵌入视频，可以将持续时间较短的小视频文件直接嵌入到 Flash 文件中，然后将其作为SWF文件的一部分发布。但是这样会显著增加发布文件的大小，因此仅适合于小的视频文件（文件的时间长度通常少于10秒）。

此外，在使用Flash文件中嵌入的较长视频剪辑时，音频与视频的同步（也称作音频/视频同步）会变得不同步。将视频嵌入到 SWF 文件中的另一个缺点是，在未重新发布SWF文件的情况下无法更新视频。

1.在Flash文档中嵌入视频

下面通过一个实例，简单介绍在Flash文件中嵌入视频的操作步骤。

 通过这个练习，学习将视频文件导入到Flash的操作步骤。

实例文件：exe12-2.fla

（1）启动Flash，新建一个文件，另存为exe12-2.fla。

（2）单击菜单栏中的【文件】|【导入】|【导入视频】，打开【导入视频】对话框，如图12-38所示。

图12-38

（3）单击【浏览】按钮，从打开的对话框中定位并选择文件，如图12-39所示，此处从配书素材\第12章下选择TD001.flv。如果选择的文件不是Flash支持的文件，则弹出一个提示框，可以单击下面的【启动Adobe Media Encoder】按钮打开编码软件，重新进行编码。

图12—39

（4）单击【打开】按钮，在下面的选项中选择【使用回放组件加载外部视频】，即导入的视频以一个组件的形式存在，可以对视频进行播放、停止、静音等简单控制。

（5）单击【下一步】按钮，打开视频播放组件的外观设置对话框，如图12—40所示，从中可以设置组件的外观。

图12—40

（6）单击【下一步】按钮，打开【完成视频导入】项。如图12—41所示。单击【完成】按钮，则视频文件以组件的形式导入到舞台上，成为一个实例，可以利用【任意变形工具】对其变形。如图12—42所示。

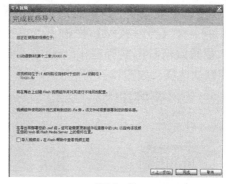

图12—41

图12—42

（7）按Ctrl+Enter键浏览动画，可以控制播放，如图12—43所示。

图12—43

（8）回到步骤（4），选择【在SWF中嵌入FLV并在时间轴中播放】选项（注：只针对FLV视频文件，并且最好没有音频的较短影片）。

（9）单击【下一步】按钮，打开【嵌入】项，在【符号类型】栏中可以选择导入的视频以何种形式存在于Flash中。此处采用默认选择，如图12-44所示。

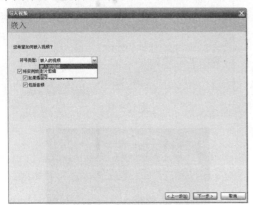

图12-44

（10）单击【下一步】按钮，打开【完成视频导入】对话框，单击【完成】按钮，则视频直接导入到舞台上。并且以视频的方式保存于【库】面板中，如图12-45所示。

图12-45

（11）按Ctrl+Enter快捷键浏览动画，播放速度与【帧频】的大小有关。

本章小结

利用好声音和视频可以使Flash作品更加生动有趣，创作手法也更加丰富多彩。必须掌握的知识点有：①在Flash中添加声音的方法；②各种编辑声音的方法；③在Flash中添加视频的方法；④使用Adobe Media Encoder软件对视频进行编码的方法。

习 题

1.选择填空题

（1）Flash中有两种声音类型，分别是（　　　）。

　A．数据流　　　　B．WAV

　C．事件声音　　　D．AIFF

（2）要将视频导入到Flash中，必须使用以（　　　）格式编码的视频。

　A．FLV　　　　　B．F4V（H.264）

　C．FLW　　　　　D．SWF

2.动手做

（1）利用第6章学过的逐帧动画的方法制作一段两个儿童对话的小短片，并利用录音设备录下声音，然后在Flash中给小短片中的对话配上音，如果再配上背景音乐那就更完美了。

（2）可以把自己或家人的录像资料采集到计算机中，利用Adobe Media Encoder软件将视频编码成FIV文件，然后在Flash中制作一个许多卡通人物围看电视的场景，把制作好的FIV文件放到电视中，是不是很好玩？

第13章 导出和发布

本章要点

1.导出图像和影片的方法。

2.发布各种文件格式的方法和设置。

3．发布前的优化和测试。

4．学习借鉴其他Flash优秀作品的方法。

13.1 导 出

Flash作品制作完成后，需要导出其他格式的文件，以便被其他软件调用或播放。即可以导出图像文件，还可以导出影片文件。

13.1.1 导出图像

导出图像实际上就是将时间轴上当前帧对应的舞台上的图像，按照设置的图像格式保存下来。也就是说，将当前帧对应的图像截屏保存。可以导出的图像格式有.swf、.emf、.wmf、.ai、.bmp、.jpg、.gif、.png等，可以根据需要自行选择。

导出图像文件的步骤

（1）在时间轴上将播放头放到要导出的帧上。

（2）单击菜单栏中的【文件】|【导出】|【导出图像】，打开【导出图像】对话框，如图13-1所示。

（3）单击【保存在】按钮，定位文件将要保存的位置，在【文件名】文本框中输入要保存的文件名，单击【保存类型】按钮，打开可导出图像类型的选择列表。如图13-2所示，从中选择需要的图像类型。

图13-1

图13-2

（4）设置完成后，单击【保存】按钮，如果选择的图像类型是.swf、.emf、.wmf或.ai，即可在指定位置找到保存的图像文件；如果选择的图像类型是.bmp、.jpg、.gif或.png，则打开一个【导出】对话框，用来设置所选图像类型的信息。以JPG格式为例，如图13-3所示，从中可以设置图像的属性。设置完成后单击【确定】按钮即可。

图13-3

193

13.1.2 导出影片

Flash动画作品完成后，更多的是要导出各种影片文件，以便于其他软件的调用或播放。可以导出的影片文件格式有：Flash标准输出文件SWF文件；通用的视频文件AVI、MOV和GIF文件；动画序列文件EMF、WMF、BMP、JPG、GIF、PNG及音频文件WAV文件。

1.导出影片的步骤

导出影片的步骤与导出图像的步骤类似，具体步骤如下。

（1）单击菜单栏中的【文件】｜【导出】｜【导出影片】，打开【导出影片】对话框，如图13-4所示。

图13-4

（2）同导出图像一样，从中可以定位并输入文件名，单击【保存类型】按钮打开导出影片格式的选项列表，如图13-5所示。

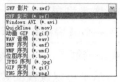

图13-5

（3）从中选择需要的影片类型，单击【保存】按钮，如果选择的文件类型不需要再进一步设置它的属性，即可在指定位置找到保存的影片文件；如果选择的文件类型需要进一步设置它的属性，则弹出其相应的

【导出】对话框，以AVI文件格式为例，如图13-6所示，从中可以设置AVI文件的各项属性参数，然后单击【确定】按钮即可。

图13-6

2.导出影片文件的参数设置

导出影片文件的格式不同，其参数的设置也不同，下面就几种常用的影片格式的常用参数作简要介绍。

SWF影片（*.swf）：导出Flash标准的动画播放文件，其各项属性参数采用【发布设置】中对SWF文件的设置。

Windows AVI（*.avi）：能够被大多数视频剪辑与合成软件调用，图13-6所示【导出Windows AVI】对话框，其各项参数的含义如下。

【尺寸】：指定AVI影片帧的宽度和高度（以像素为单位）。

【视频格式】：选择颜色深度。

【压缩视频】：选择标准的AVI压缩选项。

【平滑】：对导出的AVI影片应用消除锯齿效果。消除锯齿可以生成较高品质的位图图像，但是在彩色背景上可能会在图像的周围产生灰色像素的光晕。如果出现光晕，请取消选择此选项。

【声音格式】：设置音轨的采样率和大小，以及是以单声道还是以立体声导出。采样率和大小越小，导出的文件就越小，但是这样会影响声音品质。

QuickTime（*.mov）：苹果机上最

常用的视频文件格式，可以被大多数视频剪辑与合成软件调用。图13-7所示为【QuickTime Export设置】对话框。

图13-7

其各项含义如下。

【忽略舞台颜色】：使用舞台颜色创建一个 Alpha 通道。Alpha通道是作为透明轨道进行编码的，可以将导出的QuickTime影片叠加在其他内容上面以改变背景颜色或场景。

【到达最后一帧时】：将整个Flash文件导出为影片文件。

【经过此时间后】：要导出的Flash文件的持续时间。

【QuickTime设置】：单击打开【影片设置】对话框，如图13-8所示，可以设置视频和音频的压缩方式。

图13-8

动画GIF（*.gif）：可以导出绘画和简单动画，以供在网页中使用。标准GIF 文件是一种压缩位图。图13-9所示为【导出GIF】对话框，其主要参数的含义如下。

图13-9

【分辨率】：以每英寸点数(dpi)为单位进行设置。若要使用屏幕分辨率，请单击【匹配屏幕】。

【颜色】：设置可用于创建导出图像的颜色数量。

【交错】：下载导出GIF文件时，在浏览器中逐步显示该文件。使用户在文件完全下载之前就能看到基本的图形内容，并能在较慢的网络连接中以更快的速度下载文件。不要交错GIF动画图像。

【透明】：使背景透明。

【平滑】：（同AVI文件）。

【抖动纯色】：将抖动应用于纯色和渐变色。

【动画】：仅可用于GIF动画导出格式。可输入重复次数，0表示无限次重复。

JPEG序列：导出一序列JPG文件，序列号为4位数且逐步递增，文件数为时间轴上的帧数。如鸟0001.jpg、鸟0002.jpg、鸟0003.jpg ……。图13-10所示为【导出JPEG】对话框。

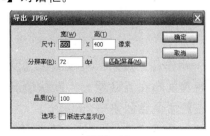

图13-10

其中值得注意的参数如下。

【品质】：控制JPEG文件的压缩量。图像品质越低则文件越小，反之亦然。若要确定文件大小和图像品质之间的最佳平衡点，请尝试使用不同的设置。

【渐进式显示】：在Web浏览器中增量显示渐进式JEPG图像，从而可在低速网络连接上以较快的速度显示加载的图像。类似于GIF和PNG图像中的交错选项。

其他序列文件格式也都类似，不再一一介绍。

3.导出音频文件

还可以把Flash中的声音导出为一个WAV音频文件，以备其他用途。导出步骤与导出影片的步骤完全相同。当在【导出影片】对话框中选择【保存类型】为WAV音频（*.wav）时，弹出【导出Windows WAV】对话框，如图13—11所示。

图13—11

其中的参数含义如下。

【声音格式】：设置导出声音的采样频率、比特率及立体声或单声道。

【忽略事件声音】：从导出的文件中排除事件声音。

13.2 发布

Flash作品完成后，可以通过【发布】命令将其发布在互联网上，默认情况下，【发布】命令会创建一个Flash（.swf）文件和一个HTML文件（.html）。该 HTML文件

会将Flash内容插入到浏览器窗口中。也可以向没有安装Adobe Flash Player的用户发布各种图形文件、视频文件及可以独立运行的小执行文件。

13.2.1 发布设置

Flash作品在发布前，首先要进行发布设置，每一种文件格式都有相应的参数设置面板，可设置发布动画的质量与文件大小等。

单击菜单栏中的【文件】|【发布设置】，或按Ctrl+Shift+F12快捷键，打开【发布设置】面板，如图13—12所示。

图13—12

在选项卡【格式】中列出可以发布的文件类型，默认选择Flash（.swf）和HTML（.html），还可以选择GIF、JPEG、PNG等图像文件，也可以发布不依赖其他播放软件而能独立播放的可执行文件：Windows可执行文件（*.exe）和Macintosh可执行文件。

在每个文件类型的右侧都对应一个文本输入框，可以输入要发布的文件名，单击文件名右侧的文件夹按钮，打开【选择发布目标】对话框，如图13—13所示，从中可以定位发布文件要保存的位置，也可以重新输入文件名。

图13-13

若选中一个发布类型，将在面板中显示相应的选项卡，用来设置该类型文件的各项参数，若取消选择类型的复选框，则相应的选项卡将关闭。

在【发布设置】面板中设置完成后，可以单击面板下面的【发布】按钮进行发布。也可以单击【文件】|【发布】或按快捷键Shift+F12进行发布。

13.2.2　Flash（SWF）文件的发布设置

在【发布设置】面板中单击【Flash】选项卡，打开Flash文件的发布设置面板，如图13-14所示。

图13-14

其主要参数的含义如下。

【播放器】：从弹出菜单中选择播放器

版本。有一些功能在低版本中不起作用。

【脚本】：从弹出菜单中选择ActionScript版本。ActionScript 3.0必须使用Flash Player 9.0以上版本的播放器。

【JPEG品质】：控制Flash中使用位图的压缩比。拖动滑块或输入一个值，值越小，生成的文件就越小，图像品质就越低。反之亦然。值为100时图像品质最佳，压缩比最小。

【音频流】：为SWF文件中的所有声音流设置采样率和压缩。单击旁边的【设置】按钮，根据需要选择相应的选项。

【音频事件】：为SWF文件中的所有事件声音设置采样率和压缩。单击旁边的【设置】按钮，根据需要选择相应的选项。

【覆盖声音设置】：在属性检查器的【声音】部分中为个别声音指定的设置。若要创建一个较小的低保真版本的SWF文件，请选择此选项。

> 如果取消选择【覆盖声音设置】选项，则Flash会扫描文件中的所有音频流（包括导入视频中的声音），然后按照各个设置中最高的设置发布所有音频流。如果一个或多个音频流具有较高的导出设置，则可能增加文件大小。

【导出设备声音】：导出适合于设备（包括移动设备）的声音而不是原始库声音。

【压缩影片】：压缩SWF文件以减小文件大小和缩短下载时间。当文件包含大量文本或 ActionScript 时，使用此选项十分有益。经过压缩的文件只能在Flash Player 6或更高版本中播放。

【包括隐藏图层】：导出Flash文件中所有隐藏的图层。取消选择，将阻止Flash

文件中标记为隐藏的所有图层（包括嵌套在影片剪辑内的图层）导出。

【生成大小报告】：生成一个报告，列出最终Flash内容中的数据量。

【防止导入】：防止其他人导入SWF文件并将其转换回FLA文件。选择它，可以在下面的【密码】栏中输入密码来保护Flash SWF文件。

【允许调试】：激活调试器并允许远程调试Flash SWF文件。可使用密码来保护SWF文件。

13.2.3 HTML文件的发布设置

在Web浏览器中播放Flash内容需要一个能激活SWF文件并指定浏览器设置的HTML文件。【发布】命令会根据模板文件中的HTML参数自动生成此文件。

单击【发布设置】面板中的【HTML】选项卡，打开【HTML】设置面板，如图13-15所示。

图13-15

其主要参数的含义如下。

【模板】：单击，从弹出菜单中选择使用已安装的模板，若要显示所选模板的说明，请单击右边的【信息】按钮。默认选项是【仅Flash】。

【检测Flash版本】：将文件配置为检测用户所拥有的Flash Player的版本并在用户没有指定的播放器时向用户发送替代HTML页面。

【尺寸】：设置Flash动画在HTML页面中的显示窗口的尺寸值。单击，有3种选项，分别如下。

● 【匹配影片】：使用SWF文件的实际大小。

● 【像素】：可以以像素为单位，输入显示窗口的宽度和高度。

● 【百分比】：指定SWF文件所占浏览器窗口的百分比。

【回放】：用于控制SWF文件在HTML页面中的回放功能。

【开始时暂停】：会一直暂停播放SWF文件，直到用户单击按钮或从快捷菜单中选择【播放】后才开始播放。若不选中此选项，则加载内容后就立即开始播放。

【显示菜单】：用户右击SWF文件时，会显示一个快捷菜单。

【循环】：内容到达最后一帧后再重复播放。取消选择此选项会使内容在到达最后一帧后停止播放。

【设备字体】：会用消除锯齿（边缘平滑）的系统字体替换用户系统上未安装的字体。

【品质】：设置动画的播放品质。共有6种品质供选择。显示品质越高，则播放速度就会越受影响。

【窗口模式】：修改内容边框或虚拟窗口与HTML页中内容的关系。共有3个选项。

● 【窗口】：Flash内容的背景不透明并使用HTML背景颜色。HTML代码无法呈现在Flash内容的上方或下方。

- 【不透明无窗口】：将Flash内容的背景设置为不透明并遮蔽该内容下面的所有内容。使HTML内容显示在该内容的上方或上面。
- 【透明无窗口】：将Flash内容的背景设置为透明，并使HTML内容显示在该内容的上方和下方。
- 【HTML对齐】：确定SWF文件显示窗口在浏览器窗口中的位置。共有5个选项。
- 【默认】：使Flash内容在浏览器窗口内居中显示，如果浏览器窗口小于应用程序，则会裁剪边缘。
- 【左对齐】、【右对齐】、【上对齐】或【底对齐】会将SWF文件与浏览器窗口的相应边缘对齐，并根据需要裁剪其余的三边。

【缩放】：在更改了文件的原始宽度和高度的情况下如何将Flash内容放到指定的边界内。共有4个选项。

- 【默认（显示全部）】：在指定的区域内显示整个文件，并且保持SWF文件的原始高宽比。应用程序的两侧可能会显示边框。
- 【无边框】：对文件进行缩放以填充指定的区域，保持SWF文件的原始高宽比并根据需要裁剪SWF文件边缘。
- 【精确匹配】：在指定区域显示整个文件，但不保持原始高宽比，因此可能会发生扭曲。
- 【无缩放】：禁止文件在调整Flash Player窗口大小时进行缩放。

【Flash对齐】：设置如何在应用程序窗口内放置内容及如何裁剪内容。

【显示警告消息】：是否要在HTML标签设置发生冲突时显示错误消息。

13.2.4 GIF文件的发布设置

在【发布设置】面板中的【格式】选项卡中选择【GIF图像】，则在面板中增加了【GIF】选项卡，单击打开【GIF】设置面板，如图13-16所示。

图13-16

其中各项主要参数的含义如下。

【尺寸】：输入导出的位图图像的宽度和高度值（以像素为单位），或者选择【匹配影片】使GIF和SWF文件大小相同并保持原始图像的高宽比。

【回放】：确定Flash创建的是静止（【静态】）图像还是GIF动画（【动画】）。如果选择【动画】，可选择【不断循环】或输入重复次数。

【优化颜色】：从GIF文件的颜色表中删除任何未使用的颜色。该选项可减小文件大小，而不会影响图像质量

【交错】、【平滑】、【抖动纯色】的含义同"导出影片"中导出GIF动画的设置。不再重复。

【删除渐变】：用渐变色中的第一

种颜色将SWF文件中的所有渐变填充转换为纯色。

【透明】：设置动画背景的透明度。有3种选择。

● 【不透明】：使背景成为纯色。

● 【透明】：使背景透明。

● 【Alpha】：设置局部透明度。输入一个介于0～255之间的阈值。值越低，透明度越高。数值128对应50%的透明度。

【抖动】：指定如何组合可用颜色的像素来模拟当前调色板中没有的颜色。

【调色板类型】：定义图像的调色板。

【最多颜色】：设置GIF图像中使用的颜色数量，颜色数量越少，生成的文件也越小，但可能会降低图像的颜色品质。

13.2.5　JPEG文件的发布设置

在【发布设置】面板中的【格式】选项卡中选择【JPEG图像】，则在面板中增加了【JPEG】选项卡，单击打开【JPEG】设置面板，如图13-17所示。

图13-17

其中各项主要参数的含义如下。

【尺寸】：输入导出的位图图像的宽度和高度值（以像素为单位），或者选择【匹配影片】使GIF和SWF文件大小相同并保持原始图像的高宽比。

【品质】：拖动滑块或输入一个值，可控制JPEG文件的压缩量。

【渐进】：在Web浏览器中增量显示渐进式JEPG图像，从而可在低速网络连接上以较快的速度显示加载的图像。

13.2.6　PNG文件的发布设置

在【发布设置】面板中的【格式】选项卡中选择【PNG图像】，则在面板中增加了【PNG】选项卡，单击打开【PNG】设置面板，如图13-18所示。

图13-18

其中大部分参数与GIF文件的相同，不同参数的含义如下。

【位深度】：设置创建图像时要使用的每个像素的位数和颜色数。位深度越高，文件就越大。

【过滤器选项】：选择一种逐行过滤方法使PNG文件的压缩性更好，并用特定图

像的不同选项进行实验。

13.2.7 发布预览与发布

在【发布设置】完成后，有时候需要预览一下将要发布的效果，可以单击菜单栏中的【文件】|【发布预览】，打开【发布预览】子菜单，如图13-19所示，从中可以选择一种要预览的文件格式，Flash使用当前的【发布设置】值，在FLA文件所在处创建一个指定类型的文件。只有在【发布设置】面板的【格式】选项卡中选择的文件格式，才能被预览。

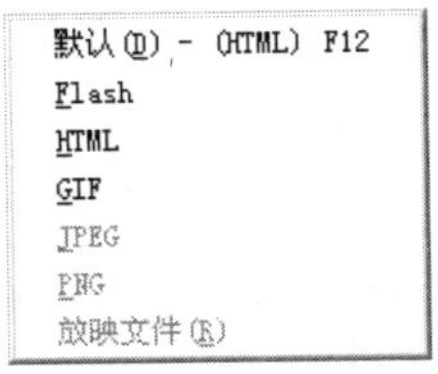

```
默认(D) - (HTML) F12
Flash
HTML
GIF
JPEG
PNG
放映文件(R)
```

图13-19

对发布效果满意后，可以通过下面两种方式之一进行正式发布。

（1）单击【文件】|【发布】，或按Shift+F12快捷键。

（2）在【发布设置】面板的下方，单击【发布】按钮。

13.3 测试与优化

如果准备将Flash作品发布到互联网上，那么在动画完成后就需要对它进行模拟测试与优化。以保证作品能够有一个更好的显示效果。

13.3.1 测试Flash动画

测试Flash动画是为了检测动画是否符合制作者的要求，以及是否能够在互联网

上被正常下载。

测试Flash动画的步骤如下。

（1）打开需要测试的Flash文件，然后执行下列操作之一。

①若要测试整个Flash文件的效果，单击菜单栏中的【控制】|【测试影片】或按Ctrl+Enter快捷键。

②若只想测试Flash文件中当前场景的动画效果，则单击菜单栏中的【控制】|【测试场景】或按Ctrl+Shift+Enter快捷键。

则该Flash动画的测试窗口被打开，并立即开始播放，如图13-20所示。

图13-20

在按Ctrl+Enter快捷键或Ctrl+Shift+Enter快捷键打开测试窗口的同时，在该文件所在的位置自动生成一个SWF文件，以后只需双击该SWF文件即可播放动画。也可以利用该方法发布导出该文件或该文件中的某一场景的SWF文件。

（2）在测试窗口中单击【视图】|【下载设置】，从打开的子菜单中选择一个网络速率，确定Flash模拟的数据流速率。如图13-21所示。

图13—21

也可以自定义下载速度，只需从子菜单中单击【自定义】即可打开【自定义下载设置】对话框，从中可以设置不同的下载速度。如图13—22所示。

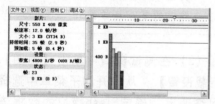

图13—22

（3）在观看测试动画的同时，可以单击【视图】｜【宽带设置】，可显示下载性能图表。如图13—23所示。再次单击即可隐藏该图表。

图13—23

（4）单击【视图】｜【模拟下载】，

打开或关闭数据流。可以模拟该Flash动画在Web上的下载速度（以【下载设置】中定义的速度下载）。

（5）单击【控制】打开【控制】菜单，如图13—24所示，利用其中的选项可以控制动画的播放。

图13—24

也可以单击菜单栏中的【窗口】｜【工具栏】｜【控制器】，打开【控制器】工具栏，如图13—25所示，利用其中的工具按钮来控制动画播放。

图13—25

（6）完成测试，单击【文件】｜【关闭】或按Ctrl+W快捷键关闭测试窗口。

13.3.2 优化Flash动画

随着Flash文件大小的增加，其下载和回放时间也会增加。在导出文件之前，可以使用多种策略来减小文件的大小，获得最佳的回放质量。

1.优化文件

（1）对于每个多次出现的元素，尽量将其转换为元件。

（2）创建动画序列时，尽可能使用补间动画。补间动画所占用的文件空间要小于一系列的关键帧。

（3）对于动画序列，尽量使用影片剪

辑元件，少用图形元件。

（4）限制每个关键帧中的改变区域，在尽可能小的区域内执行动作。

（5）尽量避免使用动画式的位图元素；尽量使用位图图像或使用静态元素作为背景。

（6）尽可能使用MP3这种占用空间最小的声音格式。

2．优化元素和线条

（1）尽量使用组合元素。

（2）尽量将动画过程中发生变化的元素与保持不变的元素分离，使之分别放到不同的图层中。

（3）使用【修改】｜【形状】｜【优化】将用于描述形状的分隔线的数量降至最少。

（4）限制特殊线条类型（如虚线、点线、锯齿线等）的数量。实线所需的内存较少。用【铅笔工具】创建的线条比用刷子笔触创建的线条所需的内存更少。

3．优化文本和字体

（1）限制字体和字体样式的数量。尽量少用嵌入字体，因为它们会增加文件的大小。

（2）对于【嵌入字体】选项，只选择需要的字符，而不要包括整个字体。

4．优化颜色

（1）使用元件属性检查器中的【颜色】菜单，可为单个元件创建很多不同颜色的实例。

（2）使用【颜色】面板（【窗口】｜【颜色】），使文件的调色板与浏览器特定的调色板相匹配。

（3）尽量少用渐变色。使用渐变色填充区域比使用纯色填充区域大概多需要50

个字节。

（4）尽量少用Alpha透明度，因为它会减慢回放速度。

13.4　巧用它山之石

在Flash的学习过程中，借鉴和研究其他人的优秀作品，是迅速提升自己制作水平的最佳途径。下面介绍几个常用的小软件，可以帮助读者更好地学习Flash。

1．将SWF文件转换回FLA文件

在互联网上，有许多非常优秀的Flash作品，不妨将它们下载下来，作为学习的参考。这些下载下来的作品大部分是SWF文件，下面推荐一款小软件Imperator FLA，可以很轻松地将SWF文件转换为FLA文件，从而在Flash软件中打开。当然，如果作者进行了加密处理，将无法打开。注意！转换后的文件只能作为学习研究的参考，可不要侵权。

双击桌面上的快捷图标，打开Imperator FLA软件，工作界面如图13-26所示。

图13-26

具体操作步骤如下。

（1）单击【选择SWF文件】按钮，从弹出的【打开】对话框中选择需要转换的SWF文件。

（2）在【主菜单】的【要转换的类型】下选择想从SWF文件中将哪些部分的内容转换到FLA文件中。

（3）单击【保存FLA文件】按钮，从弹出的【另存为】对话框中选择要保存的FLA文件的路径和名称。

（4）在右侧的窗口中显示文件转换的过程，当停止显示并出现"空闲"字样时，完成转换。如图13-27所示。

图13-27

转换后的FLA文件有时无法在Flash CS4中打开，原因是原作品可能是在低版本的Flash软件中完成的。可以先用低版本的Flash，如Flash 8等打开，然后再另存为一个新的文件，就可以在Flash CS4中打开了。

2.将EXE文件转换回SWF文件

有时候下载的Flash作品可能是一个EXE文件，可以通过一个小软件exe2swf.exe将其转换为SWF文件，然后再用软件Imperator FLA转换为FLA文件。

exe2swf.exe软件的操作非常简单，具体步骤如下。

（1）直接双击软件exe2swf.exe，启动软件。

（2）弹出【选择输入文件】对话框，如图13-28所示，从中选择需要转换的EXE文件。

图13-28

（3）单击【打开】按钮，弹出【选择输出文件】对话框，如图13-29所示，从中可以设置输出文件的保存路径和文件名。

图13-29

（4）单击【保存】按钮，则EXE文件就被转换为SWF文件了。

3.将SWF文件转换为AVI文件

再推荐一个很有用的小软件SWF2Video，可以很方便地将SWF文件转换为AVI文件，尽管在Flash CS4中可以导出为AVI文件，但是这款小软件更方便，还可以输出TGA、PNG序列文件。对于制作电视动画片相当有用。

SWF2Video软件的具体操作步骤如下。

（1）双击桌面上的SWF2Video软件的快捷图标，启动软件，界面如图13-30所示。

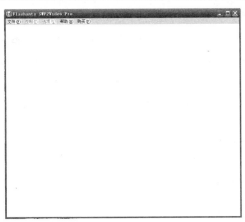

图13-30

（2）单击【文件】|【打开】，从弹出的【选择一个Flash文件】对话框中选择一个SWF文件，如图13-31所示。

图13-31

（3）单击【打开】按钮，则SWF文件显示在窗口中，如图13-32所示。

图13-32

（4）单击【文件】|【创建AVI】，在弹出的【创建AVI文件】对话框中选择要保存的文件路径和文件名，如图13-33所示。

图13-33

（5）单击【保存】按钮，弹出【AVI输出选项】对话框，如图13-34所示，从中可以根据需要设置要输出的AVI文件的各项属性。

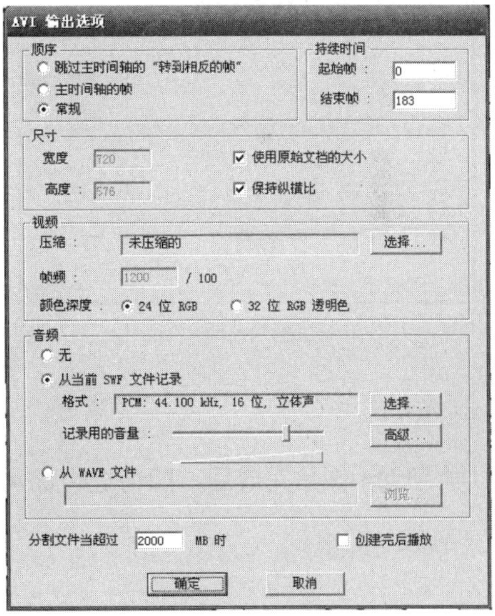

图13-34

（6）单击【确定】按钮，开始转换并显示转换的进度，如图13-35所示。转换完成后自动关闭进度条。

图13-35

（7）也可以将SWF文件转换为TGA或PNG序列文件，方法是单击【文件】｜【创建图像序列】｜【TGA】或【PNG】即可。

（8）还可以进行批量转换，方法是单击【文件】｜【批量创建】，从弹出的【批量创建多重文件】对话框中添加多个要转换的SWF文件，并进行相应的设置，然后单击【确定】按钮即可开始转换。如图13-36所示。

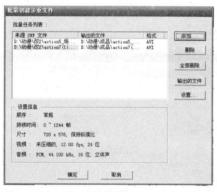

图13-36

本章小结

学习Flash作品完成后，如何进行优化处理，并根据用途进行导出和发布。必须掌握的知识点有：①导出图像和影片的操作步骤及相应文件格式的设置方法；②发布Flash作品的操作步骤及相应发布格式的设置方法；③测试和优化Flash作品的各种方法；④了解一些与Flash相关的小软件，可以使学习和工作更有趣味和效率。

习 题

1.选择填空题

（1）【发布设置】的快捷键是（ ），【发布】的快捷键是（ ）。

A．Shift+Enter   B．Ctrl+Shift+F12

C．Enter   D．Shift+F12

（2）测试整个Flash文件动画的快捷键是（ ），只想测试Flash文件中当前场景动画的快捷键是（ ）。

A．Ctrl+Enter   B．Shift+Enter

C．Enter   D．Ctrl+Shift+Enter

2.动手做

（1）制作一段动画，首先对动画进行测试，然后将其中一帧对应的图像截屏保存为想要的图像格式，最后再将整个动画导出为AVI文件。

（2）制作一段动画，分别将动画发布为SWF文件、HTML文件、EXE文件，并测试发布的效果。

第14章 使用ActionScript

本章要点

1.基本函数的应用及语法结构。

2.添加ActionScript脚本的一般流程。

3. 初步认识ActionScript语言的基本用途。

14.1 ActionScript基础知识

ActionScrip脚本撰写语言允许向应用程序添加复杂的交互性、播放控制和数据显示。并添加无法以时间轴表示的有趣或复杂的功能。

初学者可能对编程有些恐惧，其实并没有想象得那么难，只要把基础的知识搞明白了，就可以学会编一些有趣的小程序，然后再循序渐进，最终掌握这门编程语言。

ActionScrip语言并不是本书的重点，本章只是介绍了一些ActionScrip语言的基础知识，点到为止，要想深入学习，可以选择专门介绍ActionScrip语言的书籍。

14.1.1 动作面板

【动作面板】是Flash中添加、编辑、调试脚本的地方。Flash中可以对关键帧、按钮元件和影片剪辑元件等位置添加脚本。

要想进入【动作面板】，请执行下列操作之一。

（1）在时间轴上，单击选择需要添加脚本的关键帧，然后单击【窗口】 | 【动作】或按快捷键F9。

（2）在时间轴上，选择需要添加脚

本的关键帧，单击属性检查器右上角的ActionScript面板按钮 。

（3）在舞台上，在需要添加脚本的按钮元件或影片剪辑元件实例上右击，从弹出的菜单中选择【动作】。

【动作面板】及其各部分的名称如图14—1所示。

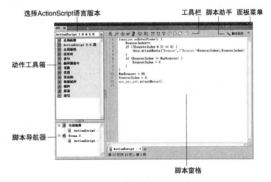

图14—1

其中各部分的主要功能如下。

【脚本窗格】：编写ActionScript代码的地方。

【动作工具箱】：所有的ActionScript指令，按类别进行分组，并且还提供按字母顺序排列的索引。

【脚本导航器】：显示影片中包含代码的关键帧、按钮和影片剪辑对象。可以快速地在 Flash 文件中的脚本间切换。

【脚本助手】：可以帮助新手用户避免可能出现的语法和逻辑错误。可以在不亲自编写代码的情况下将ActionScript添加到FLA文件。

14.1.2　基本概念

ActionScript语言同其他编程语言一样，有着许多自己的基本术语。这儿只介绍几种最常用的。

1.变量与常量

变量是程序暂存数据的地方，在程序运行中可能发生改变的值。常量是在程序中不会改变的值。

变量的最基本语法为：

```
var 变量名称；
```

假设想声明一个变量Maths，用来存储学生的数学成绩，程序的写法为：

```
var Maths；
```

常量的指令通常用大写字母表示，如数学中的π，在ActionScript中用Math.PI常量来表示。

2.函数

函数是指可以重复使用的代码块。ActionScript包含许多自带的函数，例如，可以在【动作面板】中的【动作工具箱】中，单击【全局函数】|【时间轴控制】，列出许多控制时间轴的函数。如图14-2所示。

图14-2

函数指令的基本语法是要在指令的后面跟着小括号。如开始播放影片的函数指令书写为：

```
play();
```

一些函数会要求传入参数来决定程序的行为。如将播放头移到第15帧并开始播放的函数指令书写为：

```
gotoAndPlay(15);
```

3.运算符

运算符也就是指数学中的运算符号。在ActionScript中常用的运算符的书写方式分别为：＋（加）、－（减）、＊（乘）、／（除）、％（取余数）。如下面是在程序中书写的一个数学表达式：

```
a = 100 * b + c / 2 ;
```

程序里的等号不是数学中的"相等"的意思。它代表的是将等号右边的运算值赋给等号左边的元素。

在ActionScript中还有许多运算符，在【动作面板】中的【动作工具箱】中，单击【运算符】列出各种类型的运算符。如图14-3所示。

图14-3

4.语句

语句就是一行语法正确、可以执行的指令。例如，在【动作面板】中的【动

作工具箱】中，单击【语句】|【条件/循环】列出书写条件语句或循环语句的指令。如图14-4所示。

图14-4

14.2 使用ActionScript

ActionScript语言包含的内容非常庞大，本书无法一一详解。下面通过几个常见的ActionScript语言的应用实例，了解使用ActionScript语言的操作流程和实际应用。

14.2.1 控制影片播放

Flash动画的默认状态为循环播放，可以通过添加相应的语句来控制动画的播放和停止。在ActionScript中有两个函数可以实现这个功能：Play函数用于播放动画；Stop函数用于停止动画播放，使播放头停止在当前帧。

 利用Play函数和Stop函数来控制影片的播放和停止。
实例文件：exe14-1.fla

（1）启动Flash，从配书素材\第14章下打开文件exe14-1.fla。文件中有一个小鸟飞行的影片剪辑元件"飞鸟"和两个按钮元件，如图14-5所示。

图14-5

（2）在【图层1】的第1帧上右击，从弹出的图层快捷菜单中选择【动作】，打开【动作面板】。

（3）在【动作工具箱】中单击【全局函数】|【时间轴控制】，列出时间轴控制函数。双击"stop"函数，则在【脚本窗格】中添加了语句：stop()；如图14-6所示，添加该语句的意思是：使打开的动画不播放，停在第1帧。

图14-6

（4）在舞台上选择播放按钮，在【动作面板】的【脚本窗格】中输入下列语句：

```
on(release){
play();
}
```

也可以通过双击【动作工具箱】中的相应函数进行添加。

该语句的意思是：当鼠标单击该按钮时，开始播放时间轴上的动画。

（5）在舞台上选择停止按钮，在【动作面板】的【脚本窗格】中输入下列语句：

```
on(release){
stop();
}
```

该语句的意思是：当单击该按钮时，停止播放时间轴上的动画，将播放头停到当前帧上。

（6）关闭【动作面板】，将文件另存为exe14-1-1.fla，按Ctrl+Enter键浏览动画，实际操作一下，看是否如何预期的那样，如图14-7所示。

图14-7

14.2.2　制作多媒体导航

在ActionScript中有一类跳转函数，可以制作导航类多媒体，可以从一帧跳到另一帧，也可以从一个场景跳到另一个场景。常见的多媒体光盘就是用这类函数完成的。

在【动作面板】的【动作工具箱】中单击【全局函数】|【时间轴控制】，其中的函数gotoAndPlay、gotoAndStop、nextFrame、prevFrame、nextScene、prevScene都属于跳转函数。下面通过一个

实例来了解一下这些函数的应用。

利用ActionScript中的跳转函数制作简单的多媒体导航效果。
实例文件：exe14-2.fla

（1）启动Flash，从配书素材\第14章下打开文件exe14-2.fla。文件中含有十幅儿童画，分别在"儿童画"图层的10个关键帧中，还有两个按钮，如图14-8所示，下面通过添加语句来制作电子浏览画册。

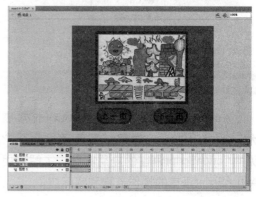

图14-8

（2）单击选择"儿童画"图层的第1帧，然后按F9键打开【动作面板】，添加语句：

```
stop();
```

使动画文件打开时不播放，停留在第1帧。

（3）在舞台上选择【上一页】按钮，在【动作面板】中添加语句：

```
on (release) {
    prevFrame();
}
```

或者添加语句：

```
on (release) {
    gotoAndStop(_currentframe-1);
}
```

该语句的意思是：当单击【上一页】

按钮时，播放头跳转到当前帧的前一帧。

（4）在舞台上选择【下一页】按钮，在【动作面板】中添加语句：

```
on (release) {
    nextFrame();
}
```

或者添加语句：

```
on (release) {
    gotoAndStop(_currentframe+1);
}
```

该语句的意思是，当单击【下一页】按钮时，播放头跳转到当前帧的下一帧。

（5）关闭【动作面板】，将文件保存为exe14-2-1.fla，按Ctrl+Enter键浏览动画，一个简单的电子画册就完成了，如图14-9所示。

图14-9

14.2.3 制作拼图游戏

ActionScript语言一个非常有趣的功能就是可以编制各种各样的游戏。下面就利用其中的两个函数startDrag和stopDrag来制作一个非常简单的拼图游戏。游戏的开始是一些杂乱无章的图块，通过拖动图块到适当的位置，最后拼出一幅卡通人物图画。

利用ActionScript中的函数startDrag和stopDrag制作拼图游戏。

实例文件：exe14-3.fla

（1）启动软件Flash CS4，从配书素材\第14章目录下，打开文件"exe14-3.fla"，文件中含有一个影片剪辑元件和一个图片文件，图片文件被放在了图层上，如图14-10所示。

图14-10

（2）在舞台上单击选择"图层1"中的位图文件，按Ctrl+B快捷键分离位图。

（3）单击菜单栏中的【视图】｜【标尺】，显示标尺；单击【视图】｜【辅助线】｜【显示辅助线】，显示辅助线。

（4）利用辅助线，将舞台的长和宽分别均分4等份，如图14-11所示。

图14-11

（5）利用工具箱中的【线条工具】分别沿着辅助线绘制3条横线和3条竖线，按Ctrl+;快捷键显示隐藏辅助线，效果如图14-12所示。

图14-12

（6）舞台上被分离的位图被分割成16等份，利用【选择工具】选择左上角的一份，然后按F8键，在弹出的【转换为元件】对话框中，设置名称为"p1"，类型为影片剪辑，如图14-13所示，单击【确定】按钮创建影片剪辑元件。

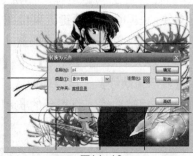
图14-13

（7）按Ctrl+F8快捷键，创建影片剪辑元件"pp1"和"qq1"，并将影片剪辑元件"p1"分别拖到"pp1"元件和"qq1"元件的舞台编辑区。

（8）利用相同的方法分别把每一个分割块创建相应的影片剪辑元件p2、p3、…、p16；pp2、pp3、…、pp16和qq2、qq3、…、qq16。

（9）将舞台上卡通图片的四周画上边线，并将影片剪辑元件p1、p2、…、p16全部删除，并将"图层1"锁定，新建一个"图层2"，将其放在"图层1"的下面，并将影片剪辑元件pp1、pp2、…、pp16依次拖到舞台，将其放到绘好的方框内，并把每个元件的Alpha值设为10%。如图14-14所示。

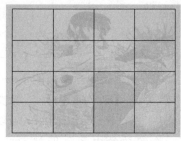
图14-14

（10）在属性检查器中，将舞台的大小设为700×850。将舞台上的所有对象平移到舞台的下半部分。并将【库】中的影片剪辑元件qq1、qq2、…、qq16分别拖到舞台的上半部分，并随机放好，如图14-15所示。

图14-15

（11）将舞台下半部分的影片剪辑元件pp1、pp2、…、pp16对应的实例名称分别命名为b1、b2、…、b16。将舞台上半部分的影片剪辑元件qq1、qq2、…、qq16对应的实例名称分别命名为a1、a2、…、a16。

（12）新增一个图层，并在第5帧单击F7键，添加一个空白关键帧，将【库】中的"bg"元件拖到舞台上，并调整大小，使之与舞台下半部分的卡通图片大小一样。利用【文本工具】在舞台上半部分输入"你很棒！"作为对胜利者的奖赏。另外，还要放一个按钮元件"再来一次"，以便游戏重新开始，如图14-16所示。

图14-16

（13）单击第5帧，在属性检查器中的【标签】项目下的【名称】栏中输入"win"。这时在该关键帧上显示一个小红旗。

现在万事俱备，只等添加语句了。

（14）再新增一个图层作为脚本层，按F9键打开【动作面板】，在【脚本窗格】中输入下列语句：

```
stop();
for (i=1; i<=12; i++) {
    //游戏初始化
    eval("a"+i)._x = random(240)+80;
    //随机设置图块的位置于场景上半部的
一定区域内
    eval("a"+i)._y = random(160)+70;
}
```

```
_root.onEnterFrame = function()
{
    m = 0;
    for (j=1; j<=16; j++) {
        if (eval("a"+j)._x ==
eval("b"+j)._x and eval("a"+j)._y ==
eval("b"+j)._y) {
            //判断图块是否在正确的位置上,如果是
                m += 1;
                //变量加一
        }
    }
    if (m == 16) {
        //如果所有图块的位置都正确
        gotoAndStop("win");
        //显示胜利信息
    }
};
```

（15）在舞台上双击实例"a1"，给实例内的影片剪辑元件"p1"在【动作面板】的【脚本窗格】中输入下列语句：

```
on (press) {
    //按下鼠标
    startDrag(_parent, false, 50,
50, 650, 800);
    //使图块可以在一定范围内被拖拽
}
on (release) {
    //释放鼠标
    stopDrag();
    //停止拖拽
    for (i=1; i<=16; i++) {
        //判断图块所在位置
        if(_parent._x<=eval("_
```

```
root.b"+i)._x+50and _parent._
x>=eval("_root.b"+i)._x-50and _
parent._y<=eval("_root.b"+i)._
y+50and _parent._y>=eval("_root.
b"+i)._y-50) {
```

//如果被拖拽的图块中心点进入某个判断位置的范围内时

```
            _parent._x =
eval("_root.b"+i)._x;
```

//设置图块的坐标,使其吸附到相应的位置

```
            _parent._y =
eval("_root.b"+i)._y;
        }
    }
}
```

(16) 同样的,在舞台上分别双击实例 "a2"、"a3"、…、"a16",并将上述语句分别复制到相应的【动作面板】的【脚本窗格】中。

(17) 单击第5帧中的按钮元件 "再来一次",并在其【动作面板】中输入语句:

```
on (release) {
    gotoAndStop(1);
}
```

即当单击该按钮时播放头回到第1帧。这时主时间轴如图14-17所示。

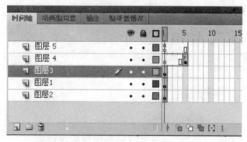

图14-17

(18) 按Ctrl+Enter快捷键浏览动画,

现在就可以玩自己制作的拼图游戏了,是不是很有趣?赶快保存起来吧! 将文件另存为 "exe14-3-1.fla"。

14.2.4 制作特殊效果

ActionScript语言还有一个非常重要的功能就是制作特殊效果,如下雨、下雪、闪电等,这是单纯在时间轴上无法实现的。

 利用ActionScript中的复制函数duplicateMovieClip和随机函数random制作下雪的效果。

实例文件: exe14-4.fla

(1) 启动软件Flash CS4,从配书素材\第14章目录下,打开文件 "exe14-4.fla",文件中含有一个图形元件 "背景" 被放到了舞台上。如图14-18所示。

图14-18

(2) 按Ctrl+F8快捷键,新建一个影片剪辑元件 "snow",并利用【铅笔工具】在舞台编辑区绘制一片雪花,如图14-19所示。

图14-19

（3）再次按Ctrl+F8快捷键，新建一个影片剪辑元件"snowing"，将【库】中的影片剪辑元件"snow"拖到其"图层1"的舞台编辑区，并在属性检查器中将其实例名称命名为"snow"。

（4）在时间轴上单击"图层1"的第2帧，并按F5键加入静态帧。

（5）单击第1帧，按F9键打开【动作面板】，并输入下列语句：

```
for (i=1; i<60; i++) {
snow.duplicateMovieClip("snow"+i,i);
//循环复制雪花的影片剪辑
    eval("snow"+i)._x = Math.
random()*600;
    //随机设置雪花影片剪辑的x坐标
    eval("snow"+i)._y = Math.
random()*400;
    //随机设置雪花影片剪辑的y坐标
    eval("snow"+i)._xscale = Math.
random()*70+30;
    //随机设置雪花影片剪辑的x方向的比例
    eval("snow"+i)._yscale =
eval("snow"+i)._xscale;
    //随机设置雪花影片剪辑的y方向的比例
    eval("snow"+i)._alpha =
eval("snow"+i)._xscale+20;
    //设置雪花影片剪辑的Alpha值
    }
```

（6）新建一个图层，在其第2帧处按F7键插入空白关键帧，并在该帧输入下列语句：

```
gotoAndPlay(1);
```

这个空白关键帧的位置决定了雪花飘落的速度。

这时时间轴如图14-20所示。

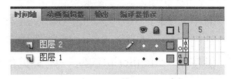

图14-20

（7）单击"场景1"按钮回到场景状态，在主时间轴上新增一个图层，并命名为"下雪"，将影片剪辑元件"snowing"拖到该图层，并放到舞台外侧的左上角。如图14-21所示。

图14-21

（8）按Ctrl+Enter快捷键浏览动画，看一看，是不是漫天飘雪？如图14-22所示，将文件保存为"exe14-4-1.fla"。

图14-22

本章小结

　　简单介绍了ActionScript脚本撰写语言的基础知识和ActionScript语言的应用范围，能使用ActionScript编写一些常见的具有交互功能的小程序。以激发对Flash CS4学习的趣味性和积极性。

习　题

1.选择填空题

（1）打开【动作面板】的快捷键是（　　）。

A. F9　　　　　　B. F12

C. F8　　　　　　D. F7

（2）不允许添加脚本的选项是（　　）。

A. 补间动画范围　B. 传统补间

C. 关键帧　　　　D. 按钮元件

2.动手做

（1）利用ActionScript脚本为自己制作一个电子相册，要求可以前后翻页。

（2）仿照第14.2.4节中制作下雪的过程，制作一个下雨的动画片段，或制作一段秋叶纷飞的过程。

第15章 案例剖析

本章要点

1. 制作Flash动画的一般流程。

2. 一些特殊效果的制作方法。

3. 角色动画的设定技巧。

片头创意：《国学小书坊》是针对儿童读者出版的系列国学启蒙经典读物，受出版社委托制作其系列随书光盘的总片头，片头总的制作思路是：一个现代版的小飞侠，穿越时空隧道，看到古代的小朋友分别坐在船头上、大树下、牛背上、深夜的孤灯下专心致志地读着书，是什么书使他们如此着迷？小飞侠看了个清楚，飞回到现代的书库中，快速地从书堆中找出了古代小朋友最喜欢的经典读物，推荐给现代的小朋友。

整个片头均由Flash制作，画面唯美，自然流畅，其中涵盖了Flash软件中大量的知识点和制作技巧，通过对本实例的剖析，读者不仅可以通过在实际运用中熟练掌握软件，而且可以切身感受一下片头制作的思路和流程。

15.1 分镜头创建

在片头制作的前期，一般都习惯于在草纸上画一下分镜头。首先根据创意，把整个片头应该是个什么样子在大脑里面过一遍，然后根据感觉把分镜头大体画出来，其中应包括镜头中将要出现的主要元素及其构图，分镜头的帧数，主要元素的

运动路径等。对于这种小的片头制作来说，没必要在分镜头上花费太多的精力，只需要把主要的思路大体画出来，自己能够看明白，做到心中有数就可以了。具体细节可以在制作的过程中再添加。

根据《国学小书坊》的片头创意，主要分为5个分镜头。

分镜头一：小飞侠从远处飞来，越过一艘慢慢在荷塘中飘荡的小船，船上坐着一位正在聚精会神读书的古代儿童。天空中海鸥飞翔，池塘上薄雾飘渺，如图15-1所示。小飞侠从第20帧进入画面，飞行了55帧飞出画面。图中的箭头为小飞侠的运动路径，下同。

图15-1

分镜头二：小飞侠飞临一棵老梅花树，看见树下一位少年正在凝神苦读，于是飘落下来看一看少年读的是什么书，然后飞身离去。同时天空中花瓣飞舞，如图15-2所示。图中的帧数是指，小飞侠

用了50帧从远处飞临树上，停留了10帧，用了5帧落到地上，停留了18帧，用了6帧飞走。

图15-2

分镜头三：小飞侠飞越一个骑牛的牧童，牧童正专心读书，小飞侠经过时的气流将牧童头上戴的荷叶吹走，如图15-3所示。小飞侠从第25帧开始进入画面，飞行了18帧飞出。帽子从第27帧开始飞离牧童的头，到第56帧飞出画面。

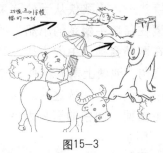

图15-3

分镜头四：小飞侠在深夜飞过窗外，看见一位少年在油灯下读书，小飞侠飞进屋内并飞出，如图15-4所示。小飞侠在窗外飞行了25帧，在屋内飞行了15帧。

图15-4

分镜头五：小飞侠飞进古书堆，尘土飞扬，快速扔出五本古书，上面分别写着"国""学""小""书""坊"，如图15-5所示，小飞侠从尘土中跃出，指向标题作为落版，如图15-6所示。本镜头长度为35帧。

如图15-5

图15-6

15.2 角色创建

分镜头画好以后，就可以开始真正地进入制作阶段，首先是创建分镜头中的角色，在这个片头中，总共有5个人物角色，一个动物角色。其中最主要的角色就是小飞侠。下面就详细解读一下这些角色的创建过程。

1.小飞侠角色

既然是小飞侠，他应该披一件红色的斗篷，穿着长筒靴，大大的眼睛，活泼可爱，威风凛凛。看一看小飞侠够帅吧？图15-7所示为线稿，图15-8所示为着色稿。

图15-7　　　　图15-8

2.小飞侠的动作设定

在整个片头中，小飞侠共有3个动作，一个是在空中飞行，一个是从空中落地，还有一个是从书堆中跳出来，用手指向片头的标题。下面就结合这几个动作，在Flash中分别画出这些动作的元件。

创建小飞侠飞行中的元件，供后面使用。
实例文件：exe15-1.fla

（1）启动Flash软件，新建一个文件，在属性面板中将舞台的尺寸设定为720×576。将文件另存为exe15-1.fla。

（2）按Ctrl+F8快捷键，创建新元件，命名为"头01"，类型为【图形】。如图15-9所示。

图15-9

（3）利用【铅笔工具】，在舞台上绘出小飞侠的头部，仔细调整并着色，作为小飞侠的头部元件。如图15-10所示。

图15-10

（4）小飞侠在飞行中头发是在不停飘动的，下面再创建小飞侠飞行中的头部元件。在库中，元件"头01"上右击，在弹出的菜单中单击【直接复制】，如图15-11所示，在弹出的窗口中，名称改为"头02"，类型为【影片剪辑】，如图15-12所示。

图15-11

图15-12

（5）在库中，双击元件"头02"，然后在时间轴中单击图层1的第3帧，按F6键插入关键帧，再单击第4帧，按F5键插入静态帧。如图15-13所示。

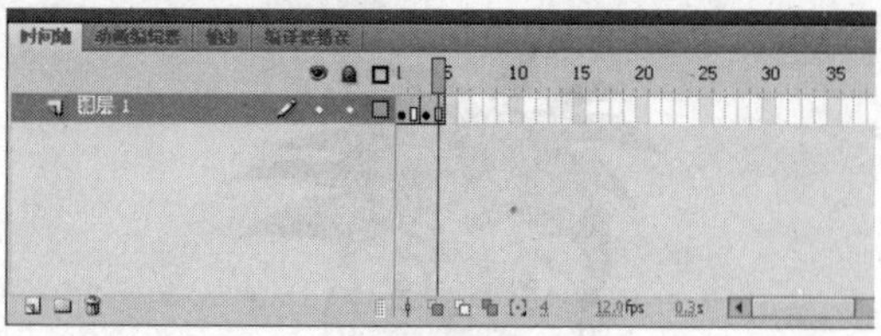

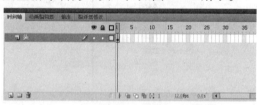

图15—13

（6）选择第3帧，利用工具箱中的
【选择工具】调整小飞侠头发的走向，使
之与第一帧有所区别。在时间轴上拖动鼠
标，看一下是否有飘动的感觉。

这样，"头02"元件就是小飞侠飞行
时的头部元件。下面再继续画小飞侠的其
他部分。

（7）按Ctrl+F8快捷键创建新元件，命
名为"飞01"，类型为【影片剪辑】。在
时间轴上，在"图层1"名称上双击，将图
层重新命名为"头"，如图15—14所示。

图15—14

（8）从库中把"头02"元件拖到舞台
中，并利用工具栏中的【任意变形工具】
调整元件的方向。如图15—15所示。

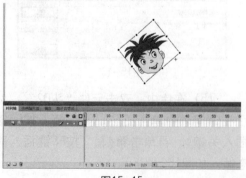

图15—15

（9）在时间轴上插入新图层，命名为
"身体"。然后根据小飞侠的飞行动作画
出身体的部分，如图15—16所示。

图15—16

现在小飞侠还缺一件飘动的斗篷。马
上给他做。

（10）按Ctrl+F8快捷键创建新元件，
命名为"斗篷01"，类型为【图形】。在
舞台上绘制斗篷并着色，如图15—17所示。

图15—17

（11）用同样的方法创建元件"斗篷
02"，在"斗篷01"的基础上调整斗篷的
形状，如图15—18所示。

图15—18

（12）按Ctrl+F8快捷键创建新元件，

命名为"斗篷"，类型为【影片剪辑】，从库中按住Shift键同时选择"斗篷01"、"斗篷02"两个元件，拖到舞台上。并调整它们的位置，使其根部对齐，如图15-19所示。

图15-19

（13）在时间轴中单击图层1的第3帧，按F6键插入关键帧，再单击第4帧，按F5键插入静态帧。然后选择第1帧，在舞台上把"斗篷02"元件删除。选择第3帧，在舞台上把"斗篷01"元件删除。如图15-20所示。

图15-20

这样，飘动的斗篷元件就建成了，可以在时间轴上拖动鼠标看一下飘动的效果。

（14）在库中双击元件"飞01"，再回到元件"飞01"，插入新图层，重新命名为"斗篷"，从库中把元件"斗篷"拖到舞台上，放在小飞侠身体的后面。注意3个图层的顺序，如图15-21所示。

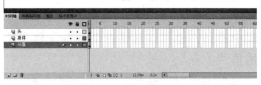

图15-21

（15）单击【场景1】按钮，回到场景中，从库中把元件"飞01"拖到舞台中央。保存文件exe15-1.fla。按Ctrl+Enter快捷键，预览小飞侠的飞行效果。如图15-22所示。至此飞行中的小飞侠元件就建成了。

图15-22

创建小飞侠从空中落地、用手指向片头标题的元件。供后面使用。
实例文件：exe15-2.fla

（16）启动Flash软件，新建一个文件，在属性面板中将舞台的尺寸设定为720×576。将文件另存为exe15-2.fla。

（17）打开前面已经完成的文件
exe15-1.fla，这样就有两个文件同时打开
了，单击舞台上面的【exe15-2.fla】选项
卡，回到刚刚建立的文件。单击库面板上
面的文件选项按钮，发现exe15-1.fla也在
其中，如图15-23所示。这样，exe15-1.fla
库中的元件也可以直接在新建的文件中使
用了。

图15-23

通过这种方法就可以相互利用不同文
件中的元件，从而节约制作时间。

（18）按Ctrl+F8快捷键创建新元件，
命名为"落地01"，类型为【图形】，从
库面板上打开exe15-1.fla的库，从中拖出
"头01"元件。如图15-24所示。

图15-24

（19）根据小飞侠从空中落地的姿势，
分别画出他在空中时身体和斗篷的状态。如
图15-25所示，这儿不再赘述。

（20）同样的方法，绘制落地瞬间的元
件"落地02"（见图15-26）和"落地03"元
件（见图15-27）。

图15-25

图15-26

图15-27

（21）再创建一个小飞侠用手指向片
头标题的元件"指01"，如图15-28所示。
注意在这个元件中，活动的胳膊应该单独
放在一层，便于后面做动画。

图15-28

（22）保存文件exe15-2.fla 。

至此，小飞侠在整个片头中的动作元件都已经绘制完毕，只需要根据不同的场景和运动节奏及路径进行排列组合即可。

3.古代小读者的角色

在整个片子中总共有4个古代小读者，一个坐在船头上，一个坐在大树下，一个骑在牛背上，还有一个坐在书桌旁，由于他们相对所处的环境是静止的，所以在创建这些角色时都与环境一起绘制。如图15-29～图15-32所示。绘制过程并没有什么难度，这儿也不再详述。

图15-29

图15-30

图15-31

图15-32

4.牛的角色

图15-31所示的牛是典型的四足动物，有其鲜明的运动规律。在这个片头中，小飞侠是主角，其他角色只是一种陪衬，不会引起观众的注意，因此为了节约时间，在这儿对牛的动作只画了两帧。

在Flash作品的创作过程中，有时为了节约时间，常采用一些巧妙的办法，对于画面中处于次要地位、被遮挡的部分、远处的东西，在不影响动画效果和视觉效果的前提下，可以简画或不画。

上面这几个角色的元件都存在文件exe15-3.fla中，读者可以参照练习。

15.3　环境创建

整个片头共有5个分镜头，也就是有5个环境。一个是薄雾飘渺的荷塘，一个是梅花盛开的郊外，一个是绿树葱笼的原野，一个是深夜孤灯闪烁的书房，最后一个是古书堆。在这儿主要就第一个环境的创建作进行详细的介绍，其他的难度不大，只做简单评述，作为读者的练习。

在开始制作前，先分析场景中都有什么东西，分别要有荷花、荷叶、花蕾、莲蓬、薄雾、栏杆、飞鸟、湖水和天空。下面就来逐步制作这些美丽的画面。

创建薄雾飘渺的荷塘景色。重点练习颜色的调配和意境的渲染。

实例文件: exe15-4.fla

（1）启动Flash软件，新建一个文件，在属性面板中将舞台的尺寸设定为720×576。将文件另存为exe15-4.fla。

（2）按Ctrl+F8快捷键创建新元件，命名为"花瓣01"，类型为【图形】。

（3）单击工具箱中的【钢笔工具】，在属性检查器中，将笔触的【样式】设为【极细线】。

利用【钢笔工具】并配合【选择工具】画出荷花瓣的外形，应确保图形是封闭的，如图15-33所示。

图15-33

为了方便颜色的填充，应确保所画出的形是封闭的，这时可以利用【选择工具】，打开工具箱下方的【紧贴至对象】选项，对形的接合处进行调整，线头之间就会自动吸附在一起，确保形的封闭性。

（4）单击工具箱下方的【填充颜色】按钮，在打开的调色板中选择最下方的最后一个过渡色，如图15-34所示。

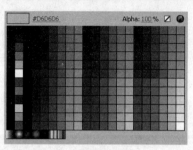

图15-34

（5）按Shift+F9快捷键，打开【混色器】，保留3个颜色指针，从左到右颜色依次设为#FFFFFF、#D23575、#C20364，如图15-35所示。

图15-35

（6）对舞台上的花瓣进行填色。效果如图15-36所示。

图15-36

（7）为花瓣增添两条白色的纹理，将黑色的边线删除，将舞台背景设为灰色。这样，一个花瓣的元件就完成了。如图15-37所示。

图15-37

（8）用同样的方法再建3个花瓣的元件和一个花柄的元件，如图15-38所示。

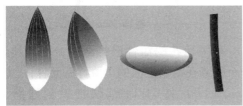

花瓣02　　花瓣03　　花瓣04　　柄

图15-38

（9）为了便于管理，在库中将上面所建的有关荷花的元件放在一个文件夹中，如图15-39所示。

图15-39

（10）按Ctrl+F8快捷键创建新元件，命名为"荷花"，类型为【图形】。将上面所建的相关元件拖到舞台上，在舞台上分别复制"花瓣01""花瓣03"元件，并将其镜像，然后分别调整它们的大小、方向、位置和纵横比，组成一朵盛开的荷花。如图15-40所示。

图15-40

（11）按Ctrl+F8快捷键创建新元件，命名为"花蕾"，类型为【图形】。同样利用上面创建的元件组成一个含苞待放的花蕾。如图15-41所示。

图15-41

下面来画荷叶的元件。

（12）按Ctrl+F8快捷键创建新元件，命名为"荷叶01"，类型为【图形】。在【混色器】中定义颜色为#093E2E，在工具箱中选择【刷子工具】，在选项栏中定义笔刷的大小和形状。一般采用扁平的笔刷来模仿国画中的毛笔效果。

（13）在舞台上，根据荷叶的脉络走向画出荷叶的形状，如图15-42所示。

图15-42

（14）利用【铅笔工具】在荷叶上勾勒出荷叶的高光部分、中间色部分及背光部分和反光部分。如图15-43所示。

图15-43

（15）在荷叶的上面，依次用颜色 #1DCF87，#18B67E，#159D74填充，在荷叶的背面依次用颜色 #0E6367，#0F6A4F来填充。删去第（14）步中添加的辅助线，这样，这个荷叶就完成了。效果如图15-44所示。

图15-44

（16）根据同样的方法，再画3个荷叶的元件，依次命名为"荷叶02""荷叶03"、"荷叶04"，如图15-45所示。

荷叶02　　　荷叶03　　　荷叶04

图15-45

（17）还需要建一个莲蓬的元件，命名为"莲蓬"，方法与画荷叶类似，这儿不再详述，如图15-46所示。

图15-46

有关荷花的组件已经画完，下面再建一个飘荡在荷塘上面的"薄雾"元件。

（18）按Ctrl+F8快捷键创建新元件，命名为"薄雾01"，类型为【影片剪辑】。利用【铅笔工具】在舞台上绘出一片雾的形状，中间填充为白色，Alpha值设为73%，如图15-47所示。

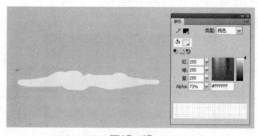

图15-47

（19）按Ctrl+F8快捷键创建新元件，命名为"薄雾"，类型为【图形】。将"薄雾01"元件从【库】中拖到舞台，并选中它，在【属性检查器】下方单击进入【滤镜】面板，添加【模糊】滤镜，并设参数为5。如图15-48所示，这样，一片半透明且边缘模糊的轻雾就建成了。

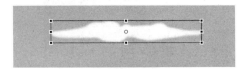

图15-48

（20）栏杆的绘制很简单，这里不再细述，元件"栏杆"如图15-49所示。

图15-49

（21）天空和湖水是连在一起的，利用混色器中的线性渐变功能调出天空、天际线、湖水的颜色，如图15-50所示，建立元件"天空湖水"。

图15-50

"飞鸟"元件的建立方法在前面的章节中已有介绍，这儿不再重复。至此，分镜头一中的所有元件都已经建立完毕，下面就是发挥想象力，将它们怎么排列组合，形成一幅美丽的荷塘画卷。

（22）选择【场景1】选项卡回到场景中，在时间轴面板上，将图层1重命名为"天空湖水"，并将"天空湖水"元件从库中拖放到舞台上放好。增加新图层，命名为"船"，再打开文件exe15-3.fla，从exe15-3.fla的【库】中把"坐船头"元件拖放到当前的舞台上放好。增加新图层，命名为"栏杆"，并将"栏杆"元件从【库】中拖放到舞台上，调整它们的位置。如图15-51所示，注意图层的前后顺序。

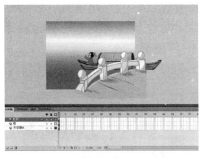

图15-51

（23）在图层"船"与"栏杆"之间，根据需要依次添加"莲蓬"、"荷叶"、"荷花"、"花蕾"、"薄雾"等图层，并将相应的元件拖入，其中的灵活性比较大，读者可以自由发挥，但一定要为动画留出空间。下面是一种组合，可作为一个参考，如图15-52所示。

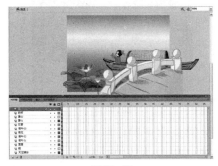

图15-52

至此，分镜头一的环境建设已经完成，

只需加上小飞侠，让该动的部分动起来就可以了。别忘了保存文件exe15-4.fla。

> 为了增加层次感，对远处的荷叶及雾可以增加一些透明度，方法是从舞台上选中该元件，在下面的【属性检查器】中从颜色选项中选定Alpha，在弹出的参数设定项中设定透明度。

分镜头二的环境建设中，除了花瓣飞舞需要用到ActionScript语言（在15.4节中介绍），其他从技术上来说都比较简单，如图15-53所示。

图15-53

分镜头三中值得注意的是牧童的荷叶帽子要单独作为一层，当小飞侠飞过时，帽子被风吹掉，如图15-54所示。

图15-54

分镜头四中要注意的是灯光闪烁的制作方法（在15.4节中介绍），还要注意星空背景要单独一层，因为小飞侠要从窗外飞进屋内，如图15-55所示。

图15-55

分镜头五中就没有什么了，只需画几本古书，复制重叠就可以了，注意留出标题字幕的位置，如图15-56所示。

图15-56

15.4 添加特殊效果

在Flash动画作品制作过程中，在一些关键位置添加特殊效果，往往起到画龙点睛的作用。如在镜头二中加上花瓣飞舞的效果，小飞侠飞行时添加速度线，小飞侠落地时扬起的灰尘，小飞侠在古书堆中扬起灰尘的效果，灯光闪烁的效果等。

1. 花瓣飞舞效果

花瓣飞舞的效果是利用ActionScript语言创建的，在制作该效果之前，先了解下面两个函数的含义。

onEnterFrame函数是一个影片剪辑类事件处理器，可以提供类似于gotoAndPlay( )指令功能的循环程序。onEnterFrame会每隔播放一帧的单位时间就触发一次。例如，如果影片的帧频是12 bps，则onEnterFrame会每隔1/12秒钟被触发一次。

attachMovie函数是一个动态附加影片剪辑的指令，它可以把位于【库】中的影片剪辑、图形和按钮等元件附加到主舞台或影片剪辑实例当中。

 利用ActionScript语言创建花瓣飞舞的效果。

实例文件：exe15-5.fla

（1）启动Flash CS4，设置舞台大小为720×576，背景色为白色。

（2）按Ctrl+F8快捷键创建一个图形元件，命名为"flower1"，在舞台编辑区绘制一片花瓣，如图15-57所示。

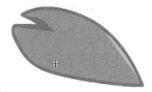

图15-57

（3）按Ctrl+F8快捷键创建一个影片剪辑元件，命名为"flower2"，将元件"flower1"拖到其舞台编辑区。在时间轴上定义花瓣旋转的动画，如图15-58所示。

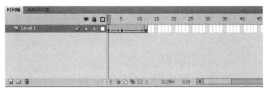

图15-58

（4）按Ctrl+F8快捷键创建一个影片剪辑元件，命名为"flower3"。将元件"flower2"拖到其舞台编辑区。

（5）新建一个图层，并命名为

"ActionScript"，在第1帧上添加下列语句：

```
function onEnterFrame() {
    compZ = 1 / posZ;
    posX += speedX;
    posY += speedY;
    posZ += speedZ;
    _x = posX * compZ;
    _y = posY * compZ;
//设置每触发一次影片剪辑实例移动的距离
    _xscale = 100 * compZ;
    _yscale = 100 * compZ;
//设置每触发一次影片剪辑实例的缩放大小
}
posX = random(600) - 500;
posY = random(400) - 400;
posZ = 0.5 * Math.random() + 0.29999999999999999;
speedX = random(30) + 15;
speedY = random(30) + 15;
speedZ = 0.02 * Math.random() + 0.02;
onEnterFrame();
```

时间轴如图15-59所示。

图15-59

（6）在【库】面板中，元件"flower3"上右击。从弹出的菜单中选择【属性】，弹出【属性面板】，在【链接】项下选择【为ActionScript导出】和【在帧1中导出】两个选项，并在【标识

符】输入框中输入"Bouncer"。如图15—60
所示。单击【确定】按钮，这时在【库】
面板中的元件"flower3"有了一个链接标
识符，如图15—61所示。

图15—60

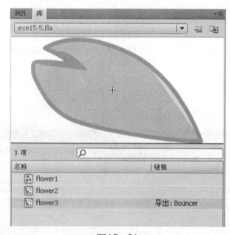

图15—61

（7）在主时间轴的第1帧上输入下列
语句：

```
function onEnterFrame() {
    BouncerIndex++;
    if ((BouncerIndex % 2) == 0) {
```

```
        this.attachMovie("Bouncer",
("Bouncer"+BouncerIndex),
        BouncerIndex);//将库中的影片剪辑元件
flower3动态附加到舞台
    }
    if (BouncerIndex >=
MaxBouncer) {
        BouncerIndex = 0;
    }
}
MaxBouncer = 60;
BouncerIndex = 0;
```

（8）按Ctrl+Enter快捷键浏览动画效果，
发现粉红的花瓣旋转着随风飘落，如图15—62
所示。将文件保存为"exe15-5.fla"。

图15—62

2．灰尘效果

灰尘效果在Flash作品中很常见，如疾
驰汽车的尾部、人物或动物奔跑时扬起的
灰尘、重物落地时扬起的尘土等，灰尘效
果从视觉上给人一种快速、紧迫的感觉，
增强了视觉冲击力和镜头的表现力。

在本实例中有两次用到了灰尘效果，

一个是镜头二中小飞侠落地时，一个是镜头五中小飞侠在古书堆中找书。下面就逐步做一下后面这个效果，对于前者可以作为读者的练习。

 创建小飞侠在古书堆中扬起灰尘的效果。

实例文件：exe15-6.fla

（1）启动Flash软件，新建一个文件，在属性面板中将舞台的尺寸设定为720×576，舞台背景为黑色。将文件另存为exe15-6.fla。

（2）按Ctrl+F8快捷键创建新元件，命名为"气团001"，类型为【图形】。在【混色器】中设置【填充色】为#CCCCCC，在工具箱中选择【刷子工具】，在选项栏中定义笔刷的大小和形状。在舞台上绘出灰尘的形状和底色，如图15-63所示。

图15-63

（3）将【填充色】定义为白色#FFFFFF，继续用【刷子工具】在第（10）步绘出的底色上绘出灰尘的高光部分，完成"气团001"的造型，如图15-64所示。

图15-64

（4）根据相同的办法，绘出气团从形成到散开的过程，如图15-65所示。

气团002　　　　　气团003

气团004　　　　　气团005

图15-65

（5）按Ctrl+F8快捷键创建新元件，命名为"气团"，类型为【影片剪辑】。分别把前面建立的元件按一定顺序在时间轴上排列。因为小飞侠在书堆中有一个寻找的过程，所以前17帧都是"气团001"和"气团002"交替变换，形成一种忙碌的效果，后面就是小飞侠完成任务跳出书堆，从而气团散开，下面就是元件"气团"在时间轴上的排列顺序，如图15-66所示。

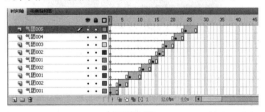

图15-66

（6）保存文件exe15-6.fla。

3．光效效果

光效在制作过程中经常用到，对于光

效的制作方法也有好几种，最主要的有两种，一是利用Alpha通道，一是利用滤镜。下面分别就这两种方法制作分镜头四中的灯光闪烁效果。首先练习用第一种方法。

创建灯光闪烁的效果。练习制作光效的方法。

实例文件：exe15-7.fla

（1）启动Flash软件，新建一个文件，在属性面板中将舞台的尺寸设定为720×576，背景设为黑色。将文件另存为exe15-7.fla。

（2）从文件exe15-3.fla的库中将"古灯"元件拖到当前文件中。

（3）按Ctrl+F8快捷键创建新元件，命名为"火苗01"，类型为【图形】。在舞台上绘出火苗中心的形状并填充颜色，中心的颜色为黄色#FFFF00，外围的颜色为线性过渡色（由#FFF800过渡到#F40B06），如图15-67所示。

图15-67

（4）同样的方法，绘制元件"火苗02"，如图15-68所示。

（5）按Ctrl+F8快捷键创建新元件，命名为"晕光"，类型为【影片剪辑】。将时间轴上的"图层1"重命名为"火苗"，从库中将"火苗01"和"火苗02"放到"火苗"图层的第1帧和第4帧，并延续到

第6帧，如图15-69所示。

图15-68

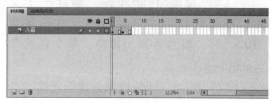

图15-69

（6）增加图层，命名为"光晕"，利用【椭圆工具】在第1帧绘出一个圆，并用放射性过渡色填充，具体定义方法为：在【混色器】中设类型为【放射性】，在下面的颜色条上设3个指针，从左到右的颜色和Alpha值依次设置为（#FFFFFF，100%）、（#FFFF0F，60%）、（#FFFF00，0%），如图15-70所示。

图15-70

（7）在第4帧设一关键帧，并调整圆的大小，使光晕感觉随着火苗的晃动而有所变化，如图15-71所示。

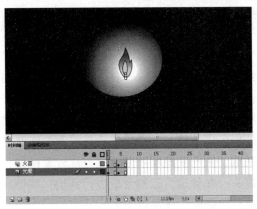

图15-71

（8）按Ctrl+F8快捷键创建新元件，命名为"灯光"，类型为【影片剪辑】。在时间轴上定义两个层为"古灯"和"晕光"，并分别从库中将相应的元件拖到舞台上对齐，如图15-72所示。

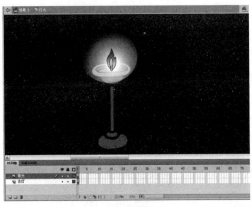

图15-72

（9）保存文件exe15-7.fla，这样一个灯光摇曳的古灯就建成了，只需把它放到镜头四中的书桌上就可以了。

4．光晕效果

下面再利用滤镜来创建光晕，看一下效果是不是也不错？

前面都一样，现从第6步开始。

（1）按Ctrl+F8快捷键创建新元件，命

名为"光晕01"，类型为【影片剪辑】。选择工具箱中的【椭圆工具】，在【属性检查器】中定义其笔触的颜色为#FFFF00，笔触高度为45。在【混色器】中定义填充色为#FEE7EE，Alpha值为10%。按住Shift键在第1帧中绘出一个圆，如图15-73所示。

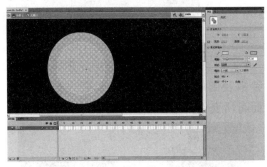

图15-73

（2）打开3中步骤（5）所创建的元件"晕光"，增加图层命名为"光晕"，将"光晕01"拖到舞台上并对齐，如图15-74所示。

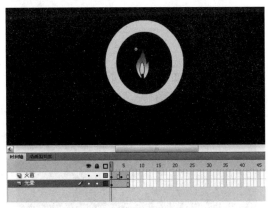

图15-74

（3）选中元件"光晕01"，在滤镜面板上为其依次添加滤镜：发光、模糊。发光的参数设置为：模糊值为37，强度为140%，颜色为黄色。模糊的参数设置为：模糊值为30。如图15-75所示。

图15-75

（4）在第4帧设关键帧，并调整滤镜参数及圆的大小，使光晕随着火苗的晃动而有所变化。如图15-76所示。

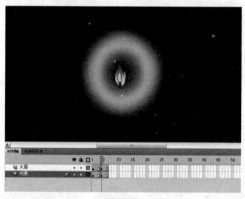
图15-76

（5）下面就同3中的步骤（8）一样了。最终效果如图15-77所示。将文件另存为exe15-7a.fla。

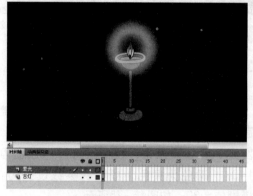
图15-77

15.5　动画设计与合成艺术

所有的准备工作已经基本完成，是该到了收获的时候了。一件Flash作品的成功与否，在最后合成阶段将起到至关重要的作用，动画的设定、节奏的把握、细节的处理、色调的统一、音乐的合成等都要在此处完成。由于受篇幅所限，只就比较复杂的分镜头一和分镜头二的合成进行剖析，其他只做简单点评，请读者作为练习。

> 动手做　分镜头一的动画设定与合成，重点领会层的排列顺序，合成中的节奏与韵律。
> 实例文件：exe15-8.fla

1. 制作分镜头一

（1）启动Flash软件，打开文件exe15-4.fla，并将文件另存为exe15-8.fla。

（2）因为分镜头一的总长度预计为75帧，所以首先将时间轴上每一层的帧数设定到75帧，如图15-78所示。

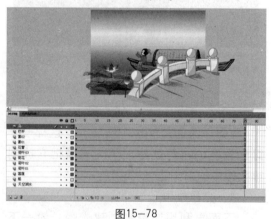
图15-78

（3）选中图层"船"的第75帧，按F6键设关键帧，水平移动"坐船头"元件实例，使小船从栏杆后慢慢驶出，在该图层的帧上右击，从弹出的菜单中选择【创建传统补间动画】，按Ctrl+Enter快捷键看一下动画效果。

用同样的方法对图层"雾01""雾02"做动画。如图15-79所示。

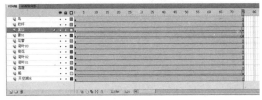

图15-79

（4）选中图层"莲蓬"的第1帧，将元件"莲蓬"的中心点移到右下角，如图15-80所示。然后在第35帧、75帧设关键帧，选中第35帧，利用【任意变形工具】将元件向左稍微旋转一点，并在帧与帧之间【创建传统补间动画】。按Ctrl+Enter快捷键看动画效果。

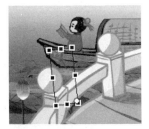

图15-80

（5）同样的方法对图层"荷叶02"、"荷叶03"、"荷叶"、"花蕾"做动画，如图15-81所示。按Ctrl+Enter快捷键看动画效果。

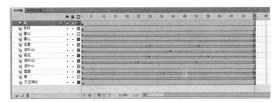

图15-81

（6）现在小飞侠该出场了，在时间轴的最上方添加一个图层，命名为"小飞侠"，将指针移到第20帧，按F7键为其添加一个空白关键帧，从前面制作的文件exe15-1.fla的库中将小飞侠的飞行元件"飞"拖到当前文件的舞台上，发现小飞侠的方向与所设计的飞行方向反了，不要紧，选中小飞侠，单击菜单栏中的【修改】|【变形】|【水平翻转】，则小飞侠的方向符合要求了。如图15-82所示。

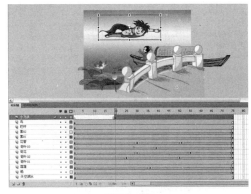

图15-82

（7）在第20帧，将小飞侠移到舞台外的左边天际线处并缩小。在第75帧处设一关键帧，将小飞侠移到舞台外的右上方，并且适当放大。在帧与帧之间【创建传统补间动画】。使小飞侠好像从天边飞来，越过小船上方飞出画面。如图15-83所示。

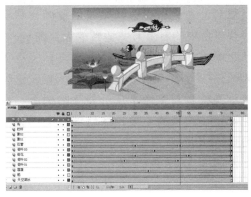

图15-83

保存文件exe15-8.fla，按Ctrl+Enter快捷键输出并观看动画效果。这样分镜头一就彻底完成了。

2．分镜头二的制作

分镜头二的动画设定与合成，重点领会角色动画的设定技巧。
实例文件：exe15-9.fla

（1）启动Flash软件，打开文件exe15-9-1.fla。如图15-84所示，其中天空中云朵的动画和花瓣飞舞的动画已经设定，下面主要的任务是添加小飞侠的动画。

图15-84

（2）在"天空"图层的上面增加一个图层，命名为"飞侠飞"，从库中将元件"小飞侠"拖入并调整方向和大小，并移到舞台外左边，在第50帧设关键帧，将其移到舞台中的右上方并适当放大。在1～50帧之间添加【创建传统补间动画】，在第60帧处按F5键，使帧数延续到第60帧。这样使小飞侠看起来像是从远处飞临树上，发现了正在读书的小孩，然后停留了10帧。如图15-85所示。

图15-85

（3）在"读书"图层的上面增加一个图层，命名为"飞侠落地"，分别在第61帧、66帧、84帧处按 F7键，设空白关键帧。在第61帧处，将"落地01"元件拖入舞台，调整大小位置，在第63帧设关键帧，将小飞侠下移并稍微放大。在第66帧处，将"落地02"元件拖入舞台，调整大小位置，使小飞侠双脚着地。如图15-86所示。

图15-86

（4）在"飞侠落地"图层上面增加图层，命名为"灰尘"，在第66、75帧处分别按F7键，设空白关键帧。将指针放在第66帧处，从库中将"灰尘"元件拖到舞台上，放在小飞侠的脚下。如图15-87所示。

图15-87

（5）小飞侠落地后眨了一下眼睛，这里用了一个取巧的办法。在"灰尘"图层上面增加两个图层，分别命名为"眨眼01""眨眼02"，并在第72、75帧处设空白关键帧，在"眨眼01"图层上绘制两个圆，填充色为小飞侠脸部的颜色，删除边缘，将小飞侠的两只眼睛完全挡住。在"眨眼02"图层上小飞侠的两个眼睛处绘出小飞侠眨眼时的眼睛。如图15-88所示。

图15-88

（6）在"眨眼02"图层的上面增加图层"飞侠飞离"，分别在第84、88、91处设空白关键帧，在第84帧处，将元件"落

地02"放到舞台上，在第88帧处，将元件"小飞侠"放到舞台上，并调整它们的大小、方向和位置。如图15-89所示。

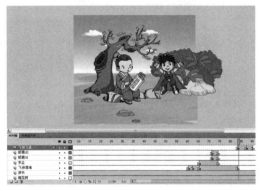

图15-89

（7）当小飞侠飞离时，加上速度线，以增强小飞侠的行动迅捷。在"飞侠飞离"图层的下面增加一个图层，命名为"速度线"，在第88、91帧处设空白关键帧，从库中拖出元件"速度线"放在小飞侠的身后。如图15-90所示。

图15-90

（8）保存文件exe15-9.fla，按Ctrl+Enter快捷键观看动画效果。如图15-91所示。

图15—91

至此，分镜头一和分镜头二就最终完成了，在分镜头三的合成中，注意牧童头上的荷叶帽子的动画，要与牛和小飞侠的运动保持协调。分镜头四的合成比较简单，分镜头五的合成中小飞侠的动画设定类似于分镜头二中的动画设定，在这里需要特别注意的是尘土的遮挡效果，请读者仔细领会一下实例文件中的设定技巧。这3个分镜的最终合成文件分别存在文件exe15—10.fla、

exe15—11.fla、exe15—12.fla中。

最后的任务就是把它们连在一起，并且配上音乐，然后输出到媒介上。要完成这一步可以有多种办法，可以直接在Flash软件中完成，也可以通过输出成*.flw文件，并将其转换成其他文件格式，如AVI文件，然后利用后期合成软件（如Premiere等）将它们最终合成输出。采用哪种办法主要看作品的最终用途是什么，在本实例中，最终合成的片头是被放进随书的VCD中，所以采用的是第二种办法。《国学小书坊》片头的成品存在文件"成品.mpg"中，可以作为读者的参考。

本章小结

本章通过对一件完整的Flash作品的制作过程进行剖析，系统了解了大型Flash动画作品的制作流程，学会综合利用前面学过的Flash软件的各项功能。仔细阅读本章，对于以后独立完成较大型的Flash动画作品是很有好处的。

附录A　Flash CS4 常用快捷键

工具

选择工具 V

部分选取工具 A

线条工具 N

套索工具 L

钢笔工具 P

文本工具 T

椭圆工具 O

矩形工具 R

铅笔工具 Y

刷子工具 B

任意变形工具 Q

渐变变形工具 F

墨水瓶工具 S

颜料桶工具 K

滴管工具 I

橡皮擦工具 E

手形工具 H

缩放工具 Z,M

菜单命令

新建Flash文件 Ctrl+N

打开Flash文件 Ctrl+O

作为库打开 Ctrl+Shift+O

关闭 Ctrl+W

保存 Ctrl+S

另存为 Ctrl+Shift+S

导入 Ctrl+R

导出影片 Ctrl+Shift+Alt+S

发布设置 Ctrl+Shift+F12

发布预览 Ctrl+F12

发布 Shif+F12

打印 Ctrl+P

退出FLASH Ctrl+Q

撤消命令 Ctrl+Z

剪切到剪贴板 Ctrl+X

拷贝到剪贴板 Ctrl+C

粘贴剪贴板内容 Ctrl+V

粘贴到当前位置 Ctrl+Shift+V

清除 退格

复制所选内容 Ctrl+D

全部选取 Ctrl+A

取消全选 Ctrl+Shift+A

剪切帧 Ctrl+Alt+X

拷贝帧 Ctrl+Alt+C

粘贴帧 Ctrl+Alt+V

清除贴 Alt+退格

选择所有帧 Ctrl+Alt+A

编辑元件 Ctrl+E

首选参数 Ctrl+U

转到第一个 HOME

转到前一个 PGUP

转到下一个 PGDN

转到最后一个 END

放大视图 Ctrl++

缩小视图 Ctrl+−

100%显示 Ctrl+1

缩放到帧大小 Ctrl+2

全部显示 Ctrl+3

按轮廓显示 Ctrl+Shift+Alt+O

高速显示 Ctrl+Shift+Alt+F

消除锯齿显示 Ctrl+Shift+Alt+A

消除文字锯齿 Ctrl+Shift+Alt+T

显示隐藏时间轴 Ctrl+Alt+T

显示隐藏工作区以外部分 Ctrl+Shift+W

显示隐藏标尺 Ctrl+Shift+Alt+R

显示隐藏网格 Ctrl+´

对齐网格 Ctrl+Shift+´

编辑网络 Ctrl+Alt+G

显示隐藏辅助线 Ctrl+;

锁定辅助线 Ctrl+Alt+;

对齐辅助线 Ctrl+Shift+;

编辑辅助线 Ctrl+Shift+Alt+G

对齐对象 Ctrl+Shift+/

显示形状提示 Ctrl+Alt+H

显示隐藏边缘 Ctrl+H

显示隐藏面板 F4

转换为元件 F8

新建元件 Ctrl+F8

新建空白贴 F5

新建关键贴 F6

删除贴 Shift+F5

删除关键帧 Shift+F6

显示隐藏场景工具栏 Shift+F2

修改文档属性 Ctrl+J

优化 Ctrl+Shift+Alt+C

添加形状提示 Ctrl+Shift+H

缩放与旋转 Ctrl+Alt+S

顺时针旋转90度 Ctrl+Shift+9

逆时针旋转90度 Ctrl+Shift+7

取消变形 Ctrl+Shift+Z

移至顶层 Ctrl+Shift+↑

上移一层 Ctrl+↑

下移一层 Ctrl+↓

移至底层 Ctrl+Shift+↓

锁定 Ctrl+Alt+L

解除全部锁定 Ctrl+Shift+Alt+L

左对齐 Ctrl+Alt+1

水平居中 Ctrl+Alt+2

右对齐 Ctrl+Alt+3

顶对齐 Ctrl+Alt+4

垂直居中 Ctrl+Alt+5

底对齐 Ctrl+Alt+6

按宽度均匀分布 Ctrl+Alt+7

按高度均匀分布 Ctrl+Alt+9

设为相同宽度 Ctrl+Shift+Alt+7

设为相同高度 Ctrl+Shift+Alt+9

相对舞台分布 Ctrl+Alt+8

转换为关键帧 F6

转换为空白关键帧 F7

组合 Ctrl+G

取消组合 Ctrl+Shift+G

打散分离对象 Ctrl+B

分散到图层 Ctrl+Shift+D

字体样式设置为正常 Ctrl+Shift+P

字体样式设置为粗体 Ctrl+Shift+B

字体样式设置为斜体 Ctrl+Shift+I

文本左对齐 Ctrl+Shift+L

文本居中对齐 Ctrl+Shift+C

文本右对齐 Ctrl+Shift+R

文本两端对齐 Ctrl+Shift+J

增加文本间距 Ctrl+Alt+→

减小文本间距 Ctrl+Alt+←

重置文本间距 Ctrl+Alt+↑

播放 停止动画 回车

后退 Ctrl+Alt+R

单步向前 >

单步向后 <

测试影片 Ctrl+回车

调试影片 Ctrl+Shift+回车

测试场景 Ctrl+Alt+回车

启用简单按钮 Ctrl+Alt+B

新建窗口 Ctrl+Alt+N

显示隐藏工具面板 Ctrl+F2

显示隐藏时间轴 Ctrl+Alt+T

显示隐藏属性面板 Ctrl+F3

显示隐藏解答面板 Ctrl+F1

显示隐藏对齐面板 Ctrl+K

显示隐藏混色器面板 Shift+F9

显示隐藏颜色样本面板 Ctrl+F9

显示隐藏信息面板 Ctrl+I

显示隐藏场景面板 Shift+F2

显示隐藏变形面板 Ctrl+T

显示隐藏动作面板 F9

显示隐藏调试器面板 Shift+F4

显示隐藏影版浏览器 Alt+F3

显示隐藏脚本参考 Shift+F1

显示隐藏输出面板 F2

显示隐藏辅助功能面板 Alt+F2

显示隐藏组件面板 Ctrl+F7

显示隐藏组件参数面板 Alt+F7

显示隐藏库面板 F11